接种疫苗

立体笼育

育雏料盘

雏鸡采食和
饮水的场景

种公鸡雄姿

湿帘降温

密闭开放混合鸡舍内景

板条、垫料两高一低饲养法

半舍饲鸡群

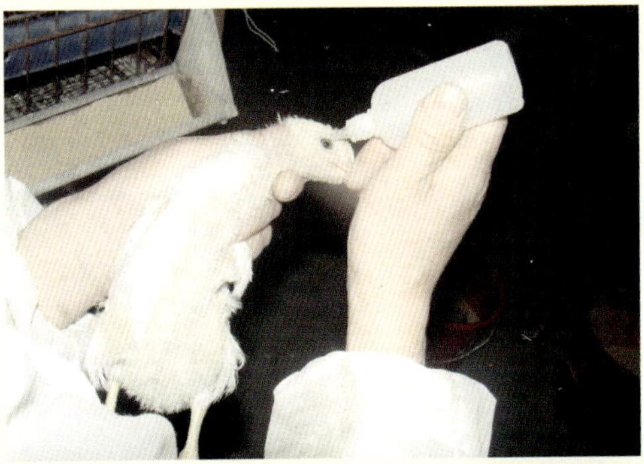

滴鼻、点眼法免疫接种
（本页彩图由陈继兰提供）

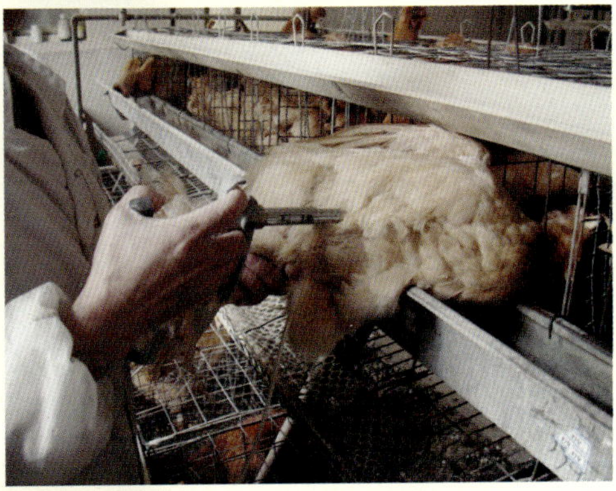

肌内注射法免疫接种

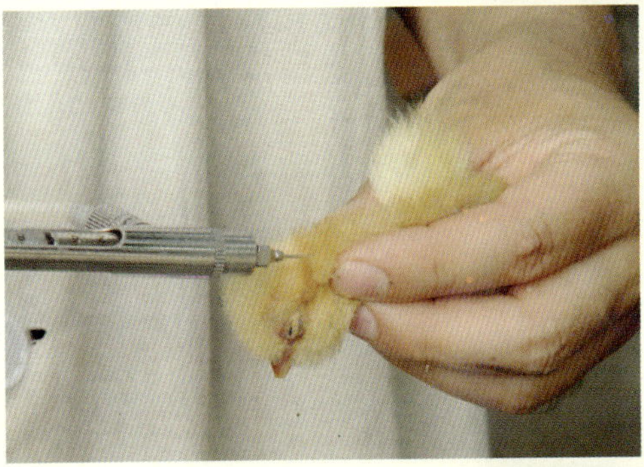

皮下注射法免疫接种

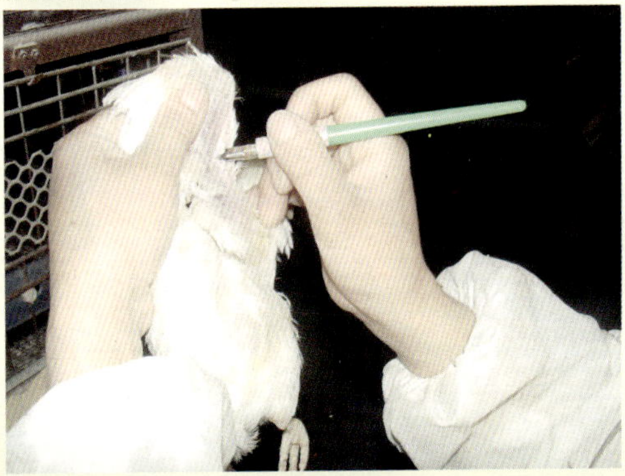

翅膀下鸡痘刺种

科技兴农富民培训教材

鸡高效养殖教材

(第2版)

编著者
臧素敏 侯玉漂 王学静
陈 虹 张 丽 李 利
李宁宁

金盾出版社

内 容 提 要

本书由河北农业大学臧素敏教授等编著与修订。内容包括:我国养鸡业现状及前景分析,科学建造鸡舍,鸡的优良品种,鸡的繁殖技术,鸡的营养与饲料,高产蛋鸡、快大型肉鸡和优质蛋鸡与优质肉鸡饲养技术,鸡病防治。内容简练,通俗易懂,技术细节清楚,贴近生产实际,可作为科技下乡农民培训教材和农民自学读本。

图书在版编目(CIP)数据

鸡高效养殖教材/臧素敏等编著 .-- 2 版 .-- 北京 : 金盾出版社,2011.8

ISBN 978-7-5082-7080-7

(科技兴农富民培训教材)

Ⅰ.①鸡… Ⅱ.①臧… Ⅲ.①鸡—饲养管理—教材 Ⅳ.①S831.4

中国版本图书馆 CIP 数据核字(2011)第 128042 号

金盾出版社出版、总发行

北京太平路 5 号(地铁万寿路站往南)

邮政编码:100036 电话:68214039 83219215

传真:68276683 网址:www.jdcbs.cn

封面印刷:北京蓝迪彩色印务有限公司

彩页正文印刷:北京金盾印刷厂

装订:永胜装订厂

各地新华书店经销

开本:850×1168 1/32 印张:6.375 彩页:4 字数:154 千字

2012 年 5 月第 5 版第 7 次印刷

印数:62 001～68 000 册 定价:12.00 元

目　录

第一章　我国养鸡业现状及前景分析

一、目前我国养鸡业现状

我国是世界上养鸡最早的国家之一，大约在七八千年以前劳动人民就开始了养鸡活动，但饲养方式落后，管理粗放，生产水平较低。这种落后的生产方式持续了很长时期。直到20世纪60年代，才出现了规模化养鸡场。20世纪80年代以后，我国养鸡业出现了蓬勃发展的局面，生产规模越来越大，生产水平不断提高，经营模式逐渐成熟。我国鸡的饲养量约占世界总饲养量的1/4。目前，我国鸡的年饲养量，蛋鸡20亿只左右，快大型肉鸡20亿只左右，优质肉鸡15亿只左右。

我国家禽数量、产品总量居世界首位。1980年以来，禽蛋产量迅速递增(90%以上是鸡蛋)，从年产293.5万吨增加到2009年的2 741万吨。到目前为止，我国人均年占有禽蛋22千克以上。从禽蛋人均占有量看，远远超过世界平均水平。

随着养鸡业的发展，建起了一批比较稳定的蛋鸡生产供应基地。与此同时，也带动了一大批规模经营的集体养鸡场和个体养鸡户，形成了国有场饲养良种，集体场繁殖良种，养鸡专业户生产肉、蛋商品的养殖模式。

我国大规模的肉鸡生产稍晚于蛋鸡，但发展速度快，起点高，生产潜力大。在国家的政策引导和市场调节下，已经形成了供、产、加、销一条龙，公司加基地加农户的生产格局。

二、制约养鸡业发展的主要问题

虽然我国鸡的饲养数量、产品总量在世界居首位，生产水平也有了明显提高。但是，与国外畜牧业发达国家相比，我们的饲养环境仍然较差，疾病多且难以控制；鸡群没完全按无公害要求用药，有的产品药残超标。这些问题严重制约着养鸡业的发展。为了提高生产水平，改善蛋、肉品质，提高鸡群健康水平，增强市场竞争力，今后应加强环境调控，科学饲喂，搞好疾病防控，注重科学技术的引进及产品的品牌效应，走产业化发展的道路，使养鸡业健康发展。

三、我国养鸡业发展的前景分析

鸡肉、鸡蛋是人们的传统营养食品，具有一定的市场空间，但目前我国鸡产品的品质有待于提高。在国内，由于养鸡业的发展，人们对蛋的需求基本得到了量的满足。但是特色鸡蛋，如目前的绿壳鸡蛋、无公害鸡蛋、土种鸡蛋、营养保健蛋等深受消费者喜爱，其价格是普通鸡蛋的3～5倍，且供不应求。因此，大幅度增加蛋鸡数量显然已不适合当前形势。今后蛋鸡生产应以稳步发展、提高质量为主，通过改善饲料品质和饲养优良鸡种，改善鸡蛋品质。

我国肉鸡生产起步较晚，发展较快，但鸡肉产量远不能满足人们的需求。据相关资料介绍，2009年我国人均占有禽肉量为9.1千克，远低于发达国家平均水平(如美国人均55.66千克/年)。因此，肉鸡生产发展空间较大。在肉鸡生产中，优质肉鸡是我国独有的优势产业，在国际市场无竞争对手，在国内市场无进口压力，具有更大的发展潜力。

思 考 题：

试分析影响我国养鸡业发展的主要问题。

第二章 科学建造鸡舍

鸡场和鸡舍是鸡群赖以生存的环境。因此，合理选择场址，科学建造鸡舍，是保证鸡群健康、提高生产性能、减少疾病、提高劳动效率的基本条件。

一、鸡场场址的选择

鸡场应选择在地势较高，易于排水，通风向阳的地带。水量充足，水质好，与人饮同等质量的水。土壤以壤土或沙壤土为宜，最好选择不适宜耕种的半山坡，切不可选择河套。鸡场的电力要充足，最好用双路线供电，或配备发电机，保证任何时候都不能断电。交通比较方便，有利于运输，但要远离主要干线 400 米以上。离屠宰厂、兽医院及其他畜禽场和重工业、化工厂等至少 3 千米。

二、不同类型鸡舍的建造

根据生产目的不同，鸡舍的类型大致可分为育雏舍、育成舍、成年鸡舍等。

(一)育 雏 舍

育雏舍是养育 0～6 周龄雏鸡专用的房舍。要求有利于保温防寒，地面干燥，通风向阳，便于操作管理，房舍严密，防止鼠害。育雏舍高度为 2.3～2.5 米、跨度为 6～9 米。屋顶应铺保温材料，装设天花板，墙壁要厚。水泥地面。内有取暖设备。育雏舍又分为密闭式(无窗式)、半开放式(有窗式)、开放式3种。

1. 密闭式育雏舍 是一种顶盖和四壁隔热良好的无窗式鸡舍(但有应急窗),有进、出气孔与外界相通。舍内环境条件通过各种设施,根据雏鸡的需要进行控制或调节。目前大型机械化养鸡场常采用此法。

2. 半开放式育雏舍 南北均设窗,南窗面积比北窗大。南窗台高1.5米、宽1.6米左右,北窗台高1.5米、宽1米左右。采用自然通风和机械通风、自然光照和人工光照相结合的方式调节空气和光照。目前多数中、小型养鸡场采用此法。

3. 开放式育雏舍 由育雏舍和两倍于育雏舍面积的运动场组成,鸡舍有地窗供雏鸡出入。当雏鸡日龄稍大时,在外界温度适宜的情况下,雏鸡可到户外运动。适合于小规模散养鸡群的养殖户。

(二)育成、成年鸡舍

育成和成年鸡舍非常相似,只是饲养鸡群的年龄阶段不同。育成舍是饲养7～20周龄鸡的房舍;成年鸡舍是饲养21周龄至淘汰阶段的鸡舍。要求有足够的活动空间,通风良好,坚固耐用,便于操作管理。分为密闭式(无窗式)、半开放式(有窗式)、开放式3种。

1. 密闭式育成、成年鸡舍 鸡舍跨度和长度分别可达9～12米和60～100米。沿鸡舍长轴,一侧为进气孔,另一侧为排风扇,采用纵向通风。除应急窗外无其他窗口。这种饲养方式适合大型养鸡场。

2. 半开放式育成、成年鸡舍 鸡舍前、后有窗,屋顶设天窗,靠自然通风,房高2.5～3.0米、宽6～9米,长度不超过60米。也有的鸡场在此基础上又安装了湿帘、排风扇等通风降温系统。春、秋两季靠自然通风,夏季关闭门窗,用湿帘降温,冬季用排风扇或天窗通风。这是目前很多鸡场采取的饲养方式。

3. 开放式育成、成年鸡舍 由鸡舍和运动场(放牧场)两部分组成。鸡舍内有栖架、产蛋箱、照明等装置,饲喂和饮水主要在运动场(放牧场)。鸡舍形式可参考半开放式鸡舍,但有供鸡群自由出入的地窗。目前一些地方鸡种多采用这种方法饲养。

三、节能型鸡舍的建造

节能型鸡舍养鸡已成为一种时尚。因为冬季可利用日光增加舍温,夏季可将温室的近 1/3 打开,加大通风量,所需设备简单,投资较少。

适合养鸡的塑料大棚主要有拱棚型、半拱棚型及吊帘式大棚 3 种。

(一)拱棚型鸡舍

一般长 40 米左右,宽 6～7 米,顶高 2～3 米,呈东西走向。钢管、钢筋结构,双层塑料薄膜,两端为山墙,设有门及通风口。夏季靠打开下边薄膜及山墙上的通风口、门通风,还可种植一些遮阳植物或顶部搭遮阳网。冬季早、晚和天气不好时用草苫覆盖薄膜,上午 9 时至下午 4 时卷起 1/3 草苫接受阳光照射,棚内温度可达到 18℃～20℃,阴雪天将草苫全部覆盖。

大棚材料可选择直径 3～5 厘米钢管作内、外拱架,钢管壁厚 1.35～1.5 毫米;用直径 1.5 厘米的钢筋,将内外拱架焊接起来,再用直径 1.4～1.5 厘米的钢筋将拱架纵向连接,砖砌山墙,塑料薄膜作棚顶,内层最好选用聚乙烯无滴塑料薄膜。这种鸡舍可养肉鸡。

目前,另有一种小拱棚鸡舍,可移动,棚宽 2 米、长 4 米,每棚可养 80～100 只鸡。这种鸡舍极适合山场放牧养鸡。

(二)半拱棚型(日光温室)鸡舍

此类棚的长、跨度、高与拱型棚基本相同,但其北面墙及山墙为砖、石或土结构,每隔 2 米设有一个 1 米×1 米窗口。后屋面为土木结构,有天窗或排气孔;前屋面用塑料薄膜。这种鸡舍可养肉鸡(图 1)。

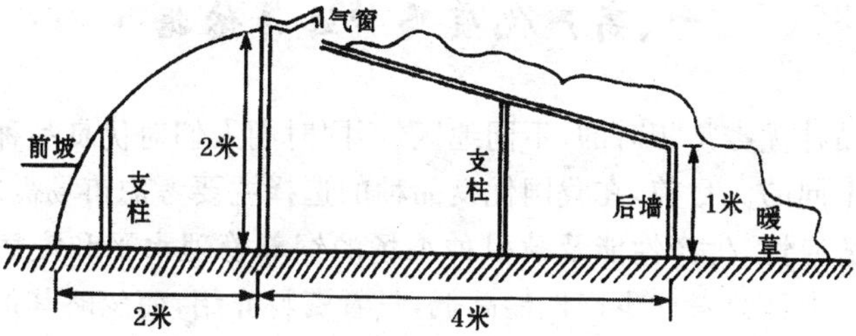

图 1　半拱棚型鸡舍侧面图　(仿席克奇图)

(三)吊帘式大棚鸡舍

长 40～50 米,高 2.5～3 米,跨度 6～9 米,东西向摆放鸡笼。顶为“人”字形或平顶,上有天窗。屋顶由南、北两面的砖垛支撑,砖垛之间有铁丝网。山墙为砖石结构,门及通风口开在此处。冬季在棚舍的南、北面用塑料薄膜吊帘挡住,外再吊一层草苫,天气晴朗的白天将草苫卷起,阴雪天及夜间放下草苫;夏季将草苫及塑料薄膜去掉,靠自然通风。这类棚舍较适合笼养蛋鸡及种鸡。

思 考 题:

1. 根据所学的知识,结合本人的条件,说一说对育雏舍、育成舍和成鸡舍建造的设想。

2. 说一说节能型鸡舍有哪 3 种建造形式?

第三章　鸡的优良品种

一、高产优质鸡种选择依据

品种优劣是相对的，不同地区、不同时期人们对优良品种的定义是不同的。目前，在我国优良品种的选择主要考虑市场需求、品种的适应性、生产性能及被引种鸡场的饲养管理水平和疫病防治情况。那种只考虑生产性能高低，只看资料介绍，而忽略其他方面的做法是不可取的。

（一）市场需求

现代化养鸡生产规模大，产量高，生产的产品（肉或蛋）均需向市场提供，只有被市场接纳，产品才能成为商品。因此，引什么品种，首先应进行市场调查，看市场上到底喜欢什么样的产品；人们到底喜欢快大型肉鸡还是优质肉鸡，喜欢白壳蛋还是褐壳蛋，等等。应根据市场需求确定品种。同时，还应有一定的市场预测能力。

（二）品种的适应性

品种的形成受自然条件影响较大，一般要求被引种鸡场的条件与引种鸡场相近。这样，才有可能表现出良好的适应性。一个品种无论其生产性能有多高，如果当地的条件不适合它的生长和生产，其生产潜力再高，也不能充分发挥，引这样的品种是没有意义的。如有些轻型蛋鸡品种生产性能很高，但因比较神经质，反应灵敏，易受惊吓，在较嘈杂的地方养这种鸡，生产性能表现较差。因此，应选择反应较迟钝的中型蛋鸡。还有的品种抗白痢能力较强，但也有的品种对该病较敏感。因此，在白痢较猖獗的鸡场应当选择前者。总之，不同品种对环境条件的要求不同，希望养鸡户在引种前，除详细阅读一些品种介绍资料外，还应到周围鸡场进行周密的调查了解。

（三）品种的生产性能

品种生产性能高低，一方面看育种公司的介绍，但更重要的是看周围养殖户饲养的实际效果。一般要求培育的蛋鸡品种年产蛋在 250～280 个，蛋重 55～65 克，料蛋比为 2.3～2.5：1；快大型肉仔鸡 6～7 周龄体重在 2.5～3.0 千克，耗料增重比在 2：1 左右。有时候，养殖场不按照育种公司的要求操作，致使生产表现不佳，这种情况要与在良好的饲养管理条件下鸡群仍不能表现出较高的生产性能应区别对待。

（四）被引种鸡场的饲养管理水平

被引种场鸡群生产性能高，饲养管理完善，疾病少，将来的雏鸡表现好，成鸡的生产性能高。因此，引种前，应了解鸡场饲养管理水平、疾病预防措施等情况。这对于那些初次养鸡的鸡场尤为重要。因为一种疾病一旦带入鸡场，就很难根除，所以引种时要非常慎重。

二、高产优质鸡种推荐

下面推荐的高产、优质鸡种包括被世界公认的标准品种、分布在我国不同地区的优良地方品种和在标准品种（或地方品种）基础上培育的配套鸡种。

(一)标准品种

标准品种是英国、美国、加拿大等国家的家禽工作者组成的家禽协会,制定了各种家禽品种标准,各国家禽工作者按标准进行选育,育成后向协会申报,经审查符合标准后,定为标准品种。曾经引入我国并在现代鸡种培育过程中起重大作用的标准品种有白色单冠来航鸡、洛岛红鸡、白洛克鸡和科尼什鸡等。

1. 白色单冠来航鸡　是世界著名的蛋鸡标准品种。原产于意大利,因最早从意大利的来航港向外输出而得名。

来航鸡体型较小而清秀,外形呈"V"字形,体型紧凑,羽毛全白,鸡冠和肉垂发达,公鸡的冠厚而直立,母鸡冠向一侧倾倒,喙、胫、趾及皮肤均为黄色,耳叶为白色。觅食力强,反应灵敏,活泼好动,富神经质,易受惊吓。适应性强。成年公鸡体重2～2.5千克,母鸡1.5～1.6千克。160日龄左右性成熟,年产蛋220～240个,蛋重55～60克,蛋壳纯白色。

目前培育的一些白壳蛋鸡配套杂交种,主要是利用白来航鸡的血缘。首先培育出具有不同特点的品系,然后进行品系间的杂交,经杂交筛选试验后,确定出最优秀的杂交组合,即生产性能及产品的商品性更强,饲料利用率更高。如北京白鸡、海兰W-98、巴布可克B-300、罗曼白、依莎白和尼克白鸡等。

2. 洛岛红鸡　育成于美国洛德岛州,属于兼用鸡种。该鸡羽毛深红色,尾羽黑色。体躯近长方形,背平直。头中等大小,单冠,喙褐黄色,胫、皮肤为黄色。冠、脸、肉垂、耳叶红色。成年公鸡体重约3.7千克,母鸡约2.75千克。

该鸡肌肉发育良好,适应性强。180日龄左右性成熟,年产蛋180～200个。蛋壳褐色,平均蛋重60克。

目前很多褐壳蛋鸡配套系的育成都引用了洛岛红鸡的血缘。主要利用其特有的伴性金色羽基因,通过特定的杂交形式培育自别雌雄的配套系。

3. 科尼什鸡 为一典型的标准肉鸡品种，原产于英国的康瓦尔。有白色科尼什鸡和红色科尼什鸡。

该鸡体躯高大，体质坚实，肩、胸很宽，胸、腿肌肉发达，肉用性能好，尤其是早期生长速度快。豆冠。喙、胫、皮肤为黄色，羽毛紧密。体重大，成年公鸡体重约为4.6千克，母鸡约3.6千克。

产蛋量较低，200日龄左右开产，年产蛋120～130个，平均蛋重65克，蛋壳浅褐色。

最早的白色科尼什鸡为隐性白羽，后来美国用红色科尼什鸡引入了白来航鸡的显性白羽基因培育出具有显性白羽的白色科尼什鸡，具有显性白羽的科尼什鸡与其他有色鸡杂交后，其后代多为白色或近似白色。目前主要用科尼什鸡作为配套肉鸡的父系。

4. 白洛克鸡 育成在美国。选育过程中，曾经引入过我国九斤黄鸡的血液。该鸡单冠，冠、肉垂、耳叶均为红色，喙、胫、皮为黄色，全身羽毛白色。成年公鸡体重约4.15千克，母鸡约3.25千克。

180日龄开产，年产蛋180～200个，蛋壳褐色，平均蛋重58克。

经改良后的白洛克鸡早期生长快，胸、腿肌发达，作为肉鸡配套母系与科尼什公鸡杂交，其后代生长速度快，胸宽体圆，屠体美观，肉质优良，饲料报酬高，成为著名的肉鸡母系。

(二)杂交配套品种

在原标准品种(或地方品种)的基础上，采用现代育种方法培育出的，具有特定商业代号的高产鸡群称为配套系。其特征是生产性能显著提高，产品商品性极强，有特定的商品名称。按照经济用途划分，配套系分为蛋鸡系和肉鸡系。

1. 蛋鸡系 用现代育种方法培育的杂交配套蛋鸡品种，根据蛋壳颜色的不同,分为白壳蛋鸡、褐壳蛋鸡和粉壳蛋鸡。

(1)白壳蛋鸡 白壳蛋鸡所产蛋壳为纯白色,鸡羽毛白色,商品代雏鸡可根据快慢羽自别雌雄。鸡的体躯较小而清秀,体型紧凑。性成熟早,产蛋量高,饲料效率高。反应灵敏,觅食力强。但神经质,易受惊吓,有的个别品种容易出现啄癖,一定要注意断喙。在标准化饲养管理条件下,成年母鸡体重1.6~1.7千克,一般4.5~5.5月龄性成熟,年产蛋可达到250~290个,蛋重60~63克。

①海兰W-98白羽白壳蛋鸡 该鸡是由美国海兰国际公司培育的蛋鸡品种。

公、母鸡均为纯白色羽毛,体躯呈"V"字形,单冠,喙、胫为黄色,蛋壳白色。商品代初生雏鸡可根据快慢羽自别雌雄。公鸡为慢羽型,母鸡为快羽型。商品代生产性能较高,适应性较好。开产体重约1.3千克,72周龄体重约1.6千克。

出壳重32~40克,0~18周成活率为97%;育雏、育成期饲料消耗约5.4千克,50%产蛋率日龄145~155天,高峰期产蛋率94%,72周龄入舍母鸡产蛋数270~290个,平均蛋重62克,产蛋期存活率92%,料蛋比2.1~2.4∶1。

②尼克白鸡 由美国尼克国际公司培育而成。

该鸡体型紧凑,羽毛纯白色,皮肤及喙黄色,单冠,体重较小。商品代初生雏鸡可根据快慢羽自别雌雄。该鸡的特点是产蛋多、体重小、耗料少、适应性强。18周龄体重约1.27千克。

140~153日龄开产,80周龄产蛋量为325~347个,蛋重60~62克,料蛋比为2.1~2.3∶1,产蛋期存活率89%~94%。

③海赛克斯白鸡 由荷兰尤里布里德公司培育而成。

该鸡羽毛白色,皮肤及胫、喙为黄色,体型中等大小,20周龄体重约1.3千克(后期体重稍大)。商品代适应性较好。

产蛋性能较高。160日龄左右开产,72周龄入舍母鸡平均产蛋量280个，平均蛋重60克。料蛋比2.4∶1，产蛋期存活率为92%。

④巴布可克B-300　由美国巴布可克公司培育。

羽毛纯白色，胫、皮肤及喙为黄色，体型紧凑清秀，20周龄体重约1.3千克。商品代初生雏鸡可根据快慢羽自别雌雄，公鸡为慢羽型，母鸡为快羽型。

蛋重适中，产蛋数量多，72周龄平均产蛋260个，平均蛋重59克，料蛋比2.58∶1。

⑤罗曼来航蛋鸡(LSL)　由德国罗曼公司育成，属来航系列。

该鸡全身羽毛白色，体型较小，商品代20周龄体重1.3～1.35千克，产蛋末期体重1.75～1.85千克。性成熟早，达50%产蛋率日龄约为150天。耗料少，平均料蛋比2.2～2.4∶1。72周龄入舍母鸡产蛋量285～295个，蛋重63.5～64.5克，蛋壳白色。抗病力强，存活率高。0～20周龄育成率96%～98%，产蛋期存活率为94%～96%。

⑥迪卡白鸡　是由美国迪卡公司培育而成的配套杂交鸡。

该鸡500日龄产蛋290～300个，平均蛋重61.1克，料蛋比2.4∶1，产蛋期存活率97.9%。

(2)褐壳蛋鸡　褐壳蛋鸡所产蛋壳褐色，商品代母鸡羽毛红色。与白壳蛋鸡相比，性情温驯，便于管理，啄癖少，死淘率低。但体重稍大，饲料消耗较高。开产日龄一般为5～5.5月龄，成年母鸡体重为2～2.2千克，蛋重大部分在62克以上，蛋壳较厚，蛋的破损率低。年产蛋260～290个，产蛋期存活率高。

褐壳蛋鸡配套系父母代母系均带有银白色显性伴性基因，父系带有金黄色隐性伴性基因，父母代鸡杂交所产生的商品代初生雏鸡可根据羽毛颜色自别雌雄。公鸡为银白色羽毛，母鸡为金黄色羽毛。

①罗曼褐壳蛋鸡　由德国罗曼公司育成，为四系配套杂交品

种。目前在我国饲养量较大。

该鸡商品代母鸡为棕红色羽毛，胫、皮肤、喙黄色，单冠。中等体型，20 周龄体重 1.5～1.6 千克，产蛋末期体重 2.2～2.4 千克。商品代初生雏鸡可根据羽毛颜色自别雌雄，公雏为白色，母雏为红色。

商品代母鸡 0～20 周龄育成率 97%～98%，152～158 日龄达到 50%产蛋率，产蛋高峰值 90%～93%，72 周龄入舍母鸡产蛋量 285～295 个，平均蛋重 64 克，料蛋比 2.3～2.4∶1，产蛋期存活率 94%～96%。

②海兰褐壳蛋鸡　是由美国海兰国际公司培育的一个优良配套系。目前在我国饲养量较大。

商品代成年母鸡为红色羽毛，体躯呈“V”字形，单冠，喙、胫为黄色，蛋壳褐色。初生雏鸡可根据羽色自别雌雄。公鸡羽毛一般为白色，偶见头或颈部有红点；母鸡一般为棕红色，也有 1%的雏鸡头部接近白色，但背部为棕红色。20 周龄体重约 1.54 千克。

0～20 周龄育成率 97%，20 周龄体重约 1.54 千克。平均开产日龄 156 天，80 周龄入舍母鸡产蛋量 298～318 个。蛋壳褐色，32 周龄平均蛋重 60.4 克，料蛋比 2.5∶1。产蛋期存活率 91%～95%。

③伊萨褐壳蛋鸡　该鸡是由法国伊萨公司培育的高产四系配套鸡种。

商品代成年母鸡羽毛呈深褐色，间或有少量白斑。单冠，胫、喙、皮肤为黄色。体重中等大小，商品鸡淘汰时体重约 2.25 千克。商品代雏鸡可根据羽毛颜色自别雌雄，公雏为白色，母雏为红色。

80 周龄入舍母鸡平均产蛋量 308 个，平均蛋重 62 克，产蛋期料蛋比为 2.4～2.5∶1。产蛋期存活率 92.5%。该鸡适应性较强，在我国有一定饲养数量。

④宝万斯褐壳蛋鸡　由荷兰汉德克家禽育种公司培育。

该鸡商品代母鸡为棕红色羽毛，胫、皮肤、喙黄色，单冠。中等体型，产蛋末期体重2.12千克。初生雏鸡可根据羽毛颜色自别雌雄，公雏为白色，母雏为红色。

开产日龄为140天左右，72周龄入舍母鸡产蛋数280～300个，32周龄蛋重60～63克，产蛋期存活率平均为95%。

⑤海赛克斯褐壳蛋鸡　由荷兰尤里布里德公司培育。

商品代成年母鸡为红色羽毛，皮肤、胫、喙为黄色，单冠。体型中等大小，20周龄体重约1.63千克，淘汰体重2.2～2.3千克。商品代雏鸡可根据羽色自别雌雄，公雏白色，母雏红色。

20周龄育成率97%，该鸡商品代155～160日龄开产，500日龄产蛋258个左右，平均蛋重60克，料蛋比2.6～2.8∶1。

⑥农大3号褐壳蛋鸡　由中国农业大学和北农大种禽公司共同选育培养的蛋鸡配套品种，2003年通过国家品种审定。

该鸡种的父母代公鸡为矮小型褐壳蛋公鸡，快羽型；母鸡为普通洛岛白型褐壳蛋母鸡，慢羽型。商品代可根据快慢羽自别雌雄，快羽为矮小型母鸡；慢羽为正常型公鸡。

农大3号褐壳蛋鸡的生产性能较高，个体小，耗料少，性情温驯。成年鸡体重1.6千克，开产日龄146～156天，高峰期产蛋率达94%以上，平均蛋重53～58克，72周龄入舍母鸡产蛋数285个，蛋壳褐色，成年母鸡平均日耗料90克，料蛋比为2.06～2.10∶1。

(3)粉(驳)壳蛋鸡　是各种性能介于白壳和褐壳蛋鸡品种之间的一类品种。体重中等，羽毛多为白色掺杂少量红黑毛，蛋壳为粉红色，中等厚，蛋重为55～65克，是目前较受欢迎的一类品种。主要有罗曼粉、海兰灰、尼克粉、京白939、华都京粉-D98等。

①罗曼粉壳蛋鸡　由德国罗曼家禽育种公司育成。

商品代母鸡羽毛白色，间或有红色，单冠，胫、喙、皮肤为黄色。中等体型。商品代20周龄体重1.6～1.7千克，淘汰时体重2千克左右。初生雏鸡可根据快慢羽自别雌雄，公雏为慢羽型，母雏为快羽型。

140～150日龄开产，产蛋高峰产蛋率在92%以上，72周龄入舍母鸡产蛋量260～290个，蛋重61～62克，蛋壳粉色。产蛋期存活率94%以上。

②尼克粉蛋鸡　由美国尼克国际公司培育而成。

该鸡体重较小，18周龄体重约1.35千克。商品代初生雏鸡可根据快慢羽自别雌雄。公雏为慢羽型，母雏为快羽型。

150～155日龄开产，80周龄产蛋数325～347个，蛋重60～62克，料蛋比为2.1～2.3∶1，产蛋期存活率89%～94%。该鸡的特点是产蛋多、体重小、耗料少、适应性强。

③海兰灰蛋鸡　由美国海兰国际公司培育的一个优良配套系鸡种。

商品代母鸡羽毛以白色为主夹红色羽，体躯呈"V"字形，淘汰时体重2千克左右。鸡冠为单冠，喙、胫为黄色。蛋壳粉色。初生雏鸡可根据快慢羽自别雌雄，公鸡为慢羽型；母鸡为快羽型。

开产日龄145～155天，74周龄产蛋数293个左右，蛋重63克，料蛋比2.3∶1，产蛋期存活率93%。很受养鸡生产者欢迎。

④华都京粉-D98蛋鸡　由我国北京华都集团有限责任公司培育而成，是继京白939之后推出的另一个粉壳蛋鸡品种。

商品代母鸡羽毛白色，间或有红色，单冠，胫、喙、皮肤为黄色。中等体型。20周龄体重1.4～1.5千克，淘汰时体重1.85～2千克。初生雏鸡可根据快慢羽自别雌雄，公雏为慢羽型，母雏为快羽型。

据该公司资料介绍，商品代鸡20周龄成活率96%～98%，140～147天开产，72周龄产蛋数324～336个，蛋重61.5～62.5克，料蛋比2.15～2.25∶1，产蛋期存活率93%～95%。

⑤京白939蛋鸡　由我国北京华都集团有限责任公司培育而成。

该鸡羽毛以白色为主，间或有部分红或黑斑，单冠，红色。体型中等大小，20 周龄体重 1.42～1.5 千克，产蛋期末体重 1.8～1.9 千克。该鸡商品代初生雏鸡可根据快慢羽自别雌雄，公雏为慢羽型，母雏为快羽型。

京白 939 商品代鸡 20 周龄成活率为 97%，平均 150～160 日龄开产，72 周龄产蛋 290～300 个，平均蛋重 62 克，料蛋比 2.1～2.3∶1。蛋壳粉红色。该鸡的适应性和抗病力极强，成活率高，是目前较受欢迎的一个蛋鸡品种。因此，占有很大的市场份额。

⑥农大 3 号粉壳蛋鸡　由中国农业大学和北农大种禽公司共同选育培养的蛋鸡配套品种，2003 年通过国家品种审定。

该鸡种的父母代公鸡为矮小型褐壳蛋公鸡，快羽型；父母代母鸡为普通白来航型种母鸡，慢羽型。商品代母鸡为快羽矮小型；公鸡为慢羽正常型。

该鸡生产性能较高，个体小，耗料少，性情温驯。成年鸡体重 1.55 千克，开产日龄 145～155 天，高峰期产蛋率达 95%以上，蛋重 53～58 克，72 周龄入舍母鸡产蛋数 282 个，蛋壳粉色，成年母鸡平均日耗料 89 克，料蛋比为 2.06～2.10∶1。

因该鸡具有适应性和觅食力强，蛋重较小，性情温驯，不伤害花果等特点，很多放牧饲养的鸡场选用该品种。

2. 肉鸡系　肉鸡配套系由父系和母系组成。父系应具备生长迅速、体格大、肌肉丰满的特点，母系除具有上述特点外，还具有较高的产蛋能力。因此，一般的父系为科尼什，母系主要为白洛克，杂交后生产的雏鸡生长速度快，体型较大，饲料报酬高，肌肉丰满，且孵出的雏鸡多。因为这类雏鸡不论公母饲养到 6～8 周龄一律屠宰上市，所以称其为肉用仔鸡。

(1)艾维茵肉鸡　是由美国艾维茵国际有限公司选育的三系配套白羽肉鸡品种。艾维茵肉鸡为显性白羽肉鸡，体躯呈椭圆形，胸宽、腿短、黄皮肤，具有增重快、成活率高、饲料报酬高的优良特点。艾维茵肉鸡可在全国绝大部分地区饲养，在规模鸡场、专业户和农户饲养，均表现出良好的适应性。

艾维茵肉鸡祖代入舍母鸡平均产蛋率：母系 60%，父系 52%；累计产蛋数，母系 163 个，父系 138 个；种蛋合格率平均为 91%；平均孵化率：母系为 82%，父系为 77%；生产雏鸡数：母系 122 只，父系 94 只；生产可售父母代雏鸡：母系 58 只，父系 45 只；41 周产蛋期母鸡存活率：母系 90%，父系 85%。

艾维茵父母代 65 周龄体重 3.6～3.7 千克，66 周龄入舍母鸡平均产蛋 185 个，提供种蛋数 175 个，雏鸡数 150 只。

艾维茵肉鸡商品代公母混养 49 日龄体重 2 615 克，耗料 4.63 千克，饲料转化率 1.89，成活率 97%以上。

(2)AA 肉鸡　是由美国爱拔益加公司培育而成的四系配套白羽肉鸡品种。AA 肉鸡具有生产性能稳定、增重快、胸肉率高、成活率高、饲料报酬高、抗逆性强的优点。可在全国绝大部分地区饲养，在集约化养鸡场、规模鸡场、专业户和农户饲养，均表现出良好的适应性。目前在我国也有很大数量饲养。

该鸡的四系均为白洛克，羽毛全白，体躯高大，呈方形。父母代种鸡年产蛋 180 个以上，种蛋 170 多个，可提供雏鸡 150 只。商品代肉鸡 6 周龄体重在 2 千克以上，耗料增重比为 2～2.1∶1，成活率在 98%以上。

近年来，美国爱拔益加公司在原有的基础上，培育出了生长速度更快的宽胸系 AA＋肉鸡。AA＋肉鸡父母代肉种鸡具有两种类型，即慢羽系和快羽系，慢羽系种鸡所产的商品代雏鸡可根据快慢羽自别雌雄，快羽系所产的后代全为快羽。AA＋父母代肉种鸡 30 周龄体重约 3.5 千克，170 日龄左右开产，约 210 日龄达到产蛋高峰，种蛋受精率平均为 94%。商品肉仔鸡 7 周龄平均体重达 1 千克左右，耗料增重比为 2.0～2.1∶1，成活率为 94%以上。

(3)罗斯-308 肉鸡　是英国罗斯育种公司培育成的优质白羽

肉鸡。

该鸡种的特点是体质健壮，成活率高，增重速度快，胸肌发达，出肉率和饲料转化率高。该鸡种为四系配套，商品代雏鸡可以羽速自别雌雄。

父母代种鸡170～175日龄左右开产，开产体重2.9～3.0千克，产蛋高峰产蛋率85.3%，种蛋孵化率84.8%。入舍母鸡66周龄产合格种蛋数175个。

商品代肉仔鸡7周龄体重可达3.0千克以上，耗料增重比约1.9∶1。因其商品代可以通过羽速自别，把公母分开饲养，出栏均匀度好，成品率更高。

（三）地方优质蛋鸡、肉鸡品种

很多消费者认为，目前多数鸡蛋、鸡肉的口感不如过去的好，千方百计地想寻求一些优质鸡蛋、鸡肉。而这些产品主要来源于中国地方品种鸡。

与从国外引入品种相比，地方鸡种适应性更强，耐粗饲，抗病力强，产品口感好。但生长速度较慢，性成熟较晚，产蛋力较低。

1. 仙居鸡 原产于浙江省仙居县和临海市一带，是我国优良的蛋用型地方品种。该鸡体型较小，颈细长，背平直，体型紧凑、结实，尾羽上翘，腿较短。头呈方形，小单冠，眼睛明亮而有神，反应灵敏。羽毛颜色较杂，有黄、黑、白、棕黄等色，但以黄色居多。适应性和觅食能力强，就巢性弱。成年公鸡体重1.5千克，母鸡1千克左右。150日龄开产，年产蛋量160～180个，蛋重40～45克，蛋壳褐色。

2. 萧山鸡 主要分布在浙江省杭州市萧山区一带，属于蛋肉兼用鸡种。萧山鸡体型较大，单冠短而小，冠、肉垂、耳叶均为红色，喙、胫、皮肤为黄色。部分个体有小胫羽。公鸡羽毛红色和黄色，母鸡羽毛淡黄色，颈羽黄黑相间。成年公鸡体重3～3.5千克，母鸡 2～2.7 千克。该鸡适应性极强，早期生长快，成熟早，开产日龄 170 天左右，年平均产蛋 120 个，蛋壳褐色。有就巢性。肉质富含脂肪，肉味鲜美。

3. 庄河鸡（大骨鸡）　原产于辽宁一带。属于肉蛋兼用型地方品种。该鸡体格硕大，腿高粗壮，结实有力，身高颈粗，胸深背宽，敦实有力，故称大骨鸡。该品种公鸡体羽多为红色，尾羽黑色；母鸡以麻褐色为主。成年公鸡体重 3～3.5 千克，母鸡 2.5 千克。7 月龄开产，年平均产蛋 160 个，蛋重 60～70 克，蛋壳褐色。有就巢性，耐寒能力强，肥育效果好，肉品质优良。

4. 寿光鸡　原产于山东省寿光市。分大、中两型，大型为肉蛋兼用型，中型为蛋肉兼用型。该鸡的特点是全身羽毛黑色，并带有金属光泽。大型公鸡体重约 3.6 千克，母鸡约 3.3 千克。中型公鸡体重约 2.9 千克，母鸡约 2.3 千克。大型寿光鸡年产蛋 90～100 个，蛋重 70～75 克；中型寿光鸡年产蛋 120～150 个，蛋重 60～65 克。壳厚，深褐色。母鸡性成熟期为 240～270 日龄。

5. 太行鸡　曾用名河北柴鸡，俗称柴鸡、土鸡、笨鸡，属蛋肉兼用品种。中心产区在河北省西部的太行山区，全省的其他各地均有分布。太行鸡的饲养历史悠久，是在当地自然生态环境条件下，经长期选育而成的地方品种。

20 世纪 80 年代初期以前，河北省大部分地区饲养的都是柴鸡，约占总饲养量的 80%。80 年代中后期开始，随着畜牧业的快速发展及对蛋鸡高生产性能的追求，柴鸡的饲养量逐渐减少。近年来，由于人们对鸡蛋和鸡肉风味的追求，柴鸡的饲养量又逐渐增多。

太行鸡羽色较杂，麻色者占一半以上，其次为黑色，其余为芦花、浅黄，纯黄、白色和银灰等色。大部分成年公鸡颈羽、鞍羽、背羽为红色，尾羽和主翼羽为黑色；其他部位为黄色。少数为芦花或黑色。成年母鸡麻黄色较多，少数为黑色、白色、芦花及杂色。

太行鸡头较小、脸清秀，多为小型红色单冠，冠齿数 5～6 个；肉垂多为红色，较小，豆冠或草莓冠者较少，极少数有毛冠、毛髯和凤头。耳叶可分为苍白和鲜红两色，喙短而微弯，喙多为铅灰或苍白色（图 2）。

图 2　太行鸡公鸡(左)和母鸡(右)

太行鸡体型较小，匀称，结实，羽毛紧凑，皮薄骨细。母鸡 155～165 天开产，年产蛋 170 个以上，平均蛋重 45 克，蛋壳粉色。肥育公鸡 13 周龄体重 1.2 千克以上。

该鸡的最大特点是适应性强，耐粗饲，蛋、肉品质好，适口性强。目前在河北省境内放牧饲养的鸡群绝大部分为该品种。

6. 狼山鸡　狼山鸡是我国著名的蛋肉兼用型鸡种，1883 年在美国被承认为标准品种。该鸡原产于我国的江苏省如东、南通一带，以南通港附近的狼山而得名。

狼山鸡有黑色羽和白色羽两个品变种。狼山鸡的体型硕大，头颈昂举，尾羽高翘，背部呈马鞍形，胸部发达，腿长，偶有胫羽，单冠，鸡冠和肉垂均为红色。喙及脚为黑色，全身皮肤为白色，性情温驯，适应性和觅食能力强，肉质好。自然交配条件下，公、母配比为 1∶15～20 时，种蛋受精率 90%左右，孵化率 80%左右。母鸡有一定就巢性，就巢鸡占鸡群的 16.57%，平均就巢 16.93 天(7～33 天)。

雏鸡成活率1月龄为95.12%,1～2月龄为91.14%,1～3月龄为90.44%,成年鸡存活率95%左右。成年公鸡体重3.5～4.0千克,母鸡2.5～3.0千克,6～8月龄开产,年产蛋170～180个,蛋重为55～60克,蛋壳褐色。雏鸡平均初生重40克,150日龄平均体重公鸡2.4千克,母鸡1.67千克,1～150日龄耗料增重比4.46∶1。屠宰半净膛率80%以上,全净膛率70%以上,屠体洁白,肌纤维较细,肉质鲜美。

狼山鸡在一些世界优良鸡种培育过程中曾做出过巨大贡献。如英国的奥品顿由狼山鸡作为第二父本杂交而成。

7. 固始鸡　固始鸡原产于河南省固始县,是一个优良地方蛋肉兼用品种。该鸡中等体型,体躯呈三角形,外观秀丽,体态均匀,羽毛丰满。多为单冠,冠直立,冠和肉垂呈红色。性情活泼、敏捷善飞,觅食力强,耐粗饲,富神经质。公鸡毛色多呈金红色,母鸡呈金黄色、麻黄色,故固始鸡又常被称为"固始黄"。固始鸡成年公鸡体重约2.47千克,母鸡约1.78千克。固始鸡6月龄公鸡半净膛率81.76%,全净膛率73.92%;开产前的母鸡半净膛率为80.16%,全净膛率为70.65%。固始鸡性成熟较晚,开产日龄平均为205天,开产时体重平均1.29千克。年平均产蛋141.2个,平均蛋重51.4克,蛋壳褐色,蛋黄呈深黄色。自然交配条件下,公、母配种比例为1∶12,繁育场种蛋受精率为90.4%,受精蛋孵化率为83.9%。

8. 浦东鸡　因原产于上海市黄浦江以东而得名,是一优良的地方性肉用鸡种。

该鸡体型硕大宽阔,近似方形,骨粗脚高,羽毛蓬松,以黄色、麻褐色居多,嘴粗短而微弯,呈黄色或褐色,单冠,冠、肉垂、耳叶、脸均为红色,胫黄色,多无羽。浦东鸡的早期生长速度快,公鸡90日龄体重达1.6千克,180日龄体重3.35千克;母鸡体重相应为1.25千克,2.21千克。以其体大、肉肥、味美而著称。平均开产日龄208天，年平均产蛋130个，蛋重58克，蛋壳褐色。就巢性强。

9. 惠阳胡须鸡 惠阳胡须鸡又称三黄鸡、龙岗鸡、龙门鸡、惠州鸡，为我国现存古老而又比较突出的地方优良肉用鸡种，原产于广东省惠阳地区。该鸡因皮黄、毛黄、脚黄、有胡须而被称为三黄胡须鸡或三黄鸡。该鸡具有矮脚、易肥、骨软、皮薄、玉肉等特点。公鸡分有、无主翼羽两种，主翼羽有黄色、褐红色与黑色，但以黄色为主。母鸡全身羽毛黄色，主翼羽和尾羽有紫黑色，尾羽不发达。三黄鸡的适应性强，羽毛生长很慢，肥育性能良好，性成熟早，就巢性强。成年公鸡体重2.1～2.3千克，母鸡1.5～1.8千克。母鸡6～7月龄开产，在农家以饲喂稻谷为主、散养、并以母鸡自然孵化与育雏的饲养方式下，年产蛋只有45～55个。在改善饲养管理条件下，年产蛋80～100个，平均蛋重47克，蛋壳浅褐色或深褐色。在良好的饲养管理条件下，公、母混合饲养85天体重可达1.1千克。它以数量大、分布广、早熟易肥、胸肌发达、肉品品质好、风味独特而成为我国出口量大，经济价值高的传统商品。

10. 北京油鸡 为一地方型优质肉蛋兼用鸡种，原产于北京市北郊，是我国独有的地方珍品肉鸡品种。该鸡体格较大，羽毛丰满，羽色为黄色、赤褐色，尾羽和翼羽夹有黑色或半黑黄色。北京油鸡具有冠羽和胫羽，有不少个体的颌下或颊部生有髯须。因此，人们常将这“三羽”(风头、毛腿、胡子嘴)性状作为北京油鸡的主要外貌特征。颈高昂，体躯上举，公鸡尾羽高翘，体态雄壮；母鸡头尾稍翘，体态敦实。油鸡性情温驯，适应性强，屠体肉质丰满，肉味鲜美。成年公鸡体重约2千克，母鸡约1.7千克。120日龄体重1.5～1.6千克。母鸡7月龄开产，年产蛋120个左右，平均蛋重56克。商品肉鸡12周龄平均活重959.7克。肉质细嫩，肉味鲜美，适合多种传统烹调方法。

11. 清远麻鸡 原产于广东省清远市，俗称清远鸡。清远麻鸡属小型肉用鸡种，是驰名中外的优良肉鸡品种。该鸡外貌特点为"一楔"、"二细"、"三麻身"。一楔是指母鸡体躯为楔形，前躯紧凑，后躯圆大；二细是指头细、脚细；三麻身指母鸡背羽面主要有麻黄、麻棕、麻褐3种颜色。

清远麻鸡皮色金黄、肌肉脂肪沉积适度、肉质嫩滑、皮爽、骨软、鲜香味美、风味独特，食后使人尚觉喉部甘润，回味香醇。该鸡肉可进行多种烹调加工制作，如蒸、焖、炖、焗、烤均可成为佳肴，是冬季保健进补、喜庆宴席的珍品。

清远麻鸡母鸡5～7月龄开产。就巢性强，在农家饲养自然孵化条件下，年平均产蛋78个，最高可达120个，平均蛋重46.6克。商品肉鸡一般6月龄上市，体重1.3～1.5千克，未经肥育的青年母鸡半净膛率85.7%，全净膛率75.5%。

12. 江村黄鸡 江村黄鸡是广州市江丰实业有限公司经过长期的个体选育、家系选育和品系配套试验而培育出来的优良肉鸡品种，分为JH-1号特优质鸡、JH-2号快大型鸡、JH-3号中速型鸡3个品系。

江村黄鸡各品系的特点是鸡冠鲜红直立，嘴黄而短，全身羽毛金黄，被毛坚实，体型短而宽，肌肉丰满，肉质细嫩，鸡味鲜美，皮下脂肪特佳。江村黄鸡抗逆性好，饲料转化率高，既适合于大规模集约化饲养，也适合于小群放养。

母鸡22周龄达5%产蛋率，开产母鸡平均体重1.75千克，高峰产蛋率(约28周龄)达90%，66周龄入舍母鸡产种蛋数149～160个，可提供健雏数130～136只，入孵蛋孵化率84%～86%。JH-1号特优质鸡、JH-2号快大型鸡、JH-3号中速型鸡3个品系9周龄体重分别为1.25千克、1.8千克和1.5千克；耗料增重比分别为2.4∶1，2.2∶1和2.3∶1。

13. 石岐杂鸡 是中国香港利用广东地方品种经杂交育成的商品黄羽肉鸡。该鸡1979年引入深圳，并得到迅速发展，目前已成为当地出口优质黄羽肉鸡的主要品种之一。

该鸡大部分羽毛为黄色，但在颈部和翼羽有黑色羽毛，喙及脚为黄色，喙尖为黑色。黄麻和褐麻较少。此鸡较地方黄羽鸡生长速度快，饲料报酬高，但保持了地方肉鸡优良肉质，耐粗饲，抗病力强的优良特性。商品肉鸡 8 周龄体重公鸡达到 602 克，母鸡 550 克左右，16 周龄公鸡 1 542 克，母鸡 1 316 克左右。

思 考 题：

1. 鸡种选择的依据是什么？

2. 目前市场上有哪些蛋鸡品种，有哪些肉鸡品种，你准备饲养哪个鸡种，为什么？

第四章　鸡的繁殖技术

很多种鸡场由于繁殖技术不过关，经常出现种蛋受精率低、死胎率高和孵化率低等问题，使生产不能按照计划正常进行，经济损失巨大。提高种鸡的繁殖力是一项综合性的技术措施，包括种鸡的选择、饲养管理、配种、孵化等多个环节。任何一个环节薄弱，都不能获得理想的繁殖效果。

一、鸡的繁殖特点

鸡属于鸟类。鸟类为了适应飞翔，其繁殖器官的生理解剖特点及繁殖方式有别于哺乳动物。主要表现为卵生、繁殖率高、胚胎大部分时间在体外发育等。鸡可以通过人工授精和人工孵化的方式，进行种群的延续及扩大。

（一）鸡的生殖解剖特点

1. 公鸡生殖器官的解剖特点与功能　公鸡的生殖系统由睾丸、附睾、输精管和交配器官构成。

（1）睾丸　鸡的睾丸有两个，位于腹腔内脊柱两侧，由睾丸系膜悬挂于同侧的肾脏前叶的前面、肺脏的后面，形状似蚕豆，通常左侧略大于右侧（图 3）。性成熟前，睾丸颜色呈米黄色，年龄越小颜色越深；性成熟后，呈乳白色。一般性成熟的公鸡睾丸平均重 8～25 克，轻型蛋用种公鸡＜中型蛋用种公鸡＜肉用种公鸡。

睾丸的主要功能是形成精子和分泌雄性激素。

（2）附睾　公鸡的附睾不发达，在睾丸的背内侧，由许多短导

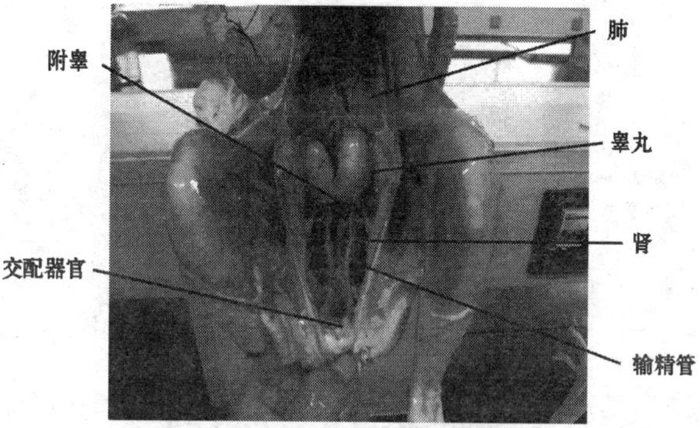

图 3 公鸡生殖器官

管即睾丸旁导管系统组成，由睾丸网、输出小管、附睾小管和附睾管组成。附睾是精子成熟的部位，也是精子自睾丸到输精管的通道。

(3)输精管　输精管有两条，左右各 1 条，是极端弯曲的白色细管，它与输尿管平行，开口于泄殖腔。精子从睾丸生成后，需经附睾、输精管后才能成熟。输精管的主要作用是贮存精子。

(4)交配器官　公鸡没有真正的阴茎，退化的交配器官位于泄殖腔腹面内侧，由八字状襞(又称外侧阴茎)和生殖突起组成。交配时，由于八字状襞充血勃起，围成排精沟，精液通过排精沟流入母鸡泄殖腔向外翻突出的输卵管口。

2. 母鸡生殖器官的解剖特点及其功能　母鸡的生殖器官由卵巢和输卵管组成。右侧卵巢和输卵管在孵化 7～9 天以后停止发育，到雏鸡孵出时退化，仅留有残迹。左侧卵巢和输卵管发育正常，具有生殖能力。

(1)卵巢　鸡的卵巢位于腹腔左侧，左肾前叶的前方，左肺的后方，由卵巢输卵管系膜附于腰部背侧壁上(图 4)。

卵巢由皮质和髓质构成(图 5)。卵巢上含有许多未成熟卵泡的部位是皮质，髓质由血管、神经和平滑肌的血管区构成。成熟母

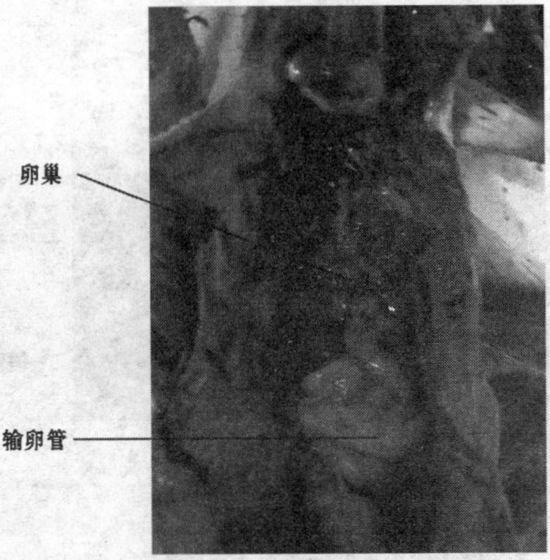

图 4　母鸡卵巢的位置

图 5　卵巢的结构

鸡产蛋时卵巢重 40～60 克，休产时仅重 4～6 克。卵泡突出于卵巢表面，呈结节状，肉眼可见 1 000～2 500 个卵母细胞，用显微镜下大约可见12 000个卵泡。有人估算1只母鸡卵巢大约含几百万个卵母细胞。但是这么多卵母细胞也只有少数达到成熟而排卵。

每一个卵泡含1个卵子或生殖细胞。最初生殖细胞位于卵黄的中央，随着卵黄的累积，生殖细胞渐渐升到卵黄表面，即卵黄膜下面，移行通道以淡色卵黄填充，形成倒瓶状的卵黄心和卵黄心颈。

卵泡由卵泡柄附着于卵巢上，表面有许多血管与卵巢髓质相通。卵巢通过卵泡柄运输营养物质供卵子发育。卵泡上与柄相对正中有1条肉眼看不见血管的淡色缝痕，卵子成熟后由此破裂排出。

卵巢的主要功能是产生卵细胞，并不断供给其营养直至成熟排卵；分泌雌激素、孕酮等。雌激素刺激输卵管迅速发育，并使母鸡出现第二性征，接受公鸡交配。孕酮刺激排卵诱导素产生，并参与蛋的产出。

繁殖期间，如果母鸡接受公鸡的交配或进行了人工授精，精子在输卵管的漏斗部等待、成熟并与排出的卵子结合——受精。受精蛋生殖细胞继续分裂，形成中央透明周围暗的同心圆结构，叫胚盘；未受精蛋，生殖细胞在蛋的形成过程中不再分裂，在蛋黄表面是一不透明的灰白色的小点，叫胚珠。

(2)输卵管　输卵管为弯曲的长管，粗细、薄厚不均匀，管壁有弹性，分布许多血管。前端开口于卵巢下方，后端开口于泄殖腔。性成熟前或休产期输卵管较细；产蛋期间，输卵管迅速变粗，约长70厘米，几乎占据了左侧腹腔的绝大部分空间。

根据输卵管形态结构和功能特点，由前向后可分为漏斗部(或喇叭部、伞部)、膨大部(或蛋白分泌部)、峡部(或管腰部)、子宫部和阴道部5部分(图6)。

①漏斗部　位于卵巢正后方，呈漏斗状，似喇叭口，其游离缘呈薄、透明而软的皱襞，称输卵管伞，向后逐渐变为狭窄的管状。

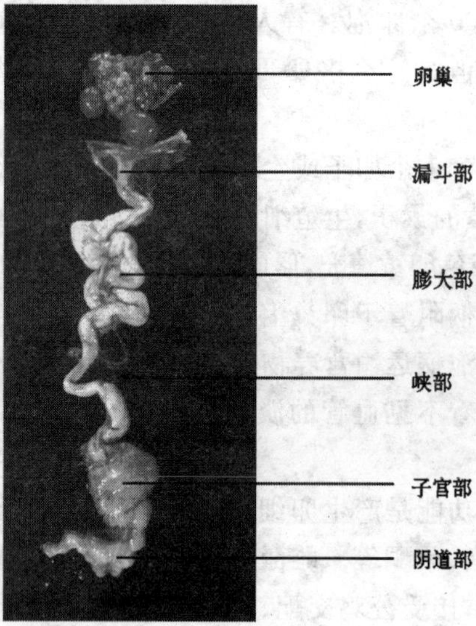

图 6　母鸡的生殖系统

成熟的卵子自卵巢排出后，纳入漏斗部。漏斗部的主要功能是接纳卵子，为精卵结合的部位。

有些疾病可导致输卵管炎症，引起漏斗部变形或水肿，成熟的卵子不能进入漏斗部而进入腹腔，称为“内产蛋”。掉入腹腔的卵可在 24 小时内吸收，如果掉入腹腔的卵过多，蛋黄在腹腔积累的速度大于吸收速度，就会使大量卵黄在腹腔内堆积，鸡腹部变大，鸡站立时形似企鹅，且形成卵黄性腹腔炎，最终导致鸡的死亡，剖检可见大量卵黄与内脏粘连在一起，发出恶臭气味。

②膨大部　膨大部的前端与漏斗部相接，界限不明显，有黏膜皱褶部分称膨大部；后端与峡部相连，并有明显窄环与峡部区分。膨大部有大量腺体——管状腺和单细胞腺，前者分泌稀蛋白，后者分泌浓蛋白。在卵黄向下运行过程中，分层包裹在卵黄外。按照由内到外的顺序：内浓蛋白——内稀蛋白——外浓蛋白——外稀

蛋白。膨大部形成的蛋白大部呈浓厚黏稠状，其重量为产出的1/2，但进入峡部和子宫部后注入大量水分和盐类，使其重量迅速增加。膨大部的主要功能是形成蛋的蛋白部分。

③峡部　输卵管的峡部前端与膨大部界限明显，后端为纵褶尽头，与子宫部相接。峡部的管径较小，管壁较薄，内部纵褶不明显。峡部主要功能是形成内外蛋壳膜，并吸收少量水分。

④子宫部　子宫部的管壁厚，肌肉发达，呈袋形，长为10～12厘米。子宫部分泌子宫液（水分和盐分），通过内外蛋壳膜渗入，使蛋白重量几乎增加1倍，同时蛋壳膜鼓胀成蛋形。卵在子宫部停留的时间最长，一般为18～20小时。子宫部的主要作用是沉积钙质，形成蛋壳上的颜色以及蛋壳表面的胶质膜。

⑤阴道部　阴道部长10～12厘米，是输卵管最后一段，其前端接子宫部，后端开口于泄殖腔背部的左侧。阴道对蛋的形成不起作用，蛋到达阴道部后，借助阴道的外翻将蛋产出。蛋在阴道部大约需要停留0.5小时。

（二）蛋的形成及产蛋规律

1. 蛋的形成　成熟卵泡自卵巢排出后，进入输卵管的漏斗部，若有精子等待，精、卵在此结合，之后进入膨大部。经刺激后膨大部的腺体开始分泌蛋白，其中的单细胞腺分泌浓蛋白，管状腺分泌稀蛋白，包围蛋黄。进入峡部，形成内外壳膜，到达子宫部，蛋壳腺分泌钙质、色素、胶质，形成蛋壳、蛋壳上的色素以及最外层胶质膜，蛋自阴道部产出（图7）。

2. 鸡蛋的构造　一枚完整而正常的鸡蛋，应由蛋壳、蛋白、蛋黄三大部分组成，其中蛋壳又由胶质膜、硬壳、内外壳膜组成，硬壳上有很多气孔；蛋白由外稀蛋白、外浓蛋白、内稀蛋白、内浓蛋白（系带层蛋白）组成；蛋黄由蛋黄膜、蛋黄心、胚盘或胚珠、深浅相间的蛋黄组成（图8）。

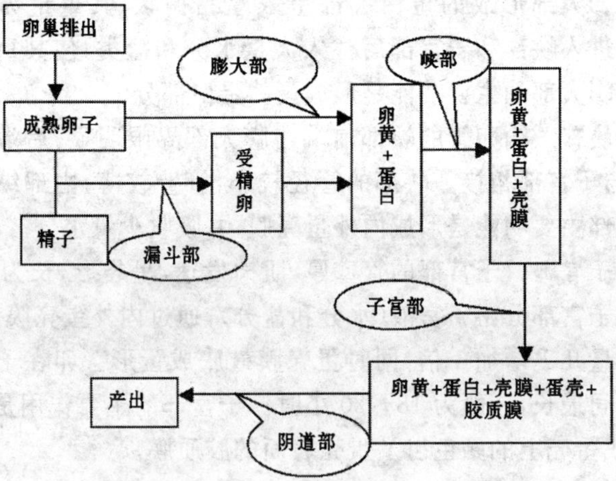

图 7　鸡蛋的形成

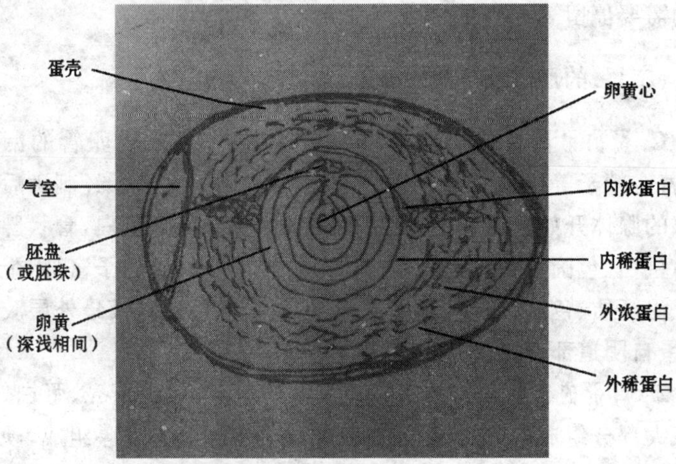

图 8　鸡蛋的构造

(1)胚珠或胚盘　胚盘或胚珠位于蛋黄膜下，胚珠为实心浅黄色点状，直径1毫米；胚盘呈明暗相间的同心圆状，直径3毫米。

(2)蛋黄　由蛋黄膜、浅色蛋黄、深色蛋黄、蛋黄心等组成。蛋黄膜包围整个蛋黄，无色透明。蛋黄内容物呈深浅相间的层次，这种层次是因昼夜代谢率不同而形成的，白天代谢率高形成深层蛋黄，蛋黄层次较厚；夜间代谢率低，形成蛋黄颜色较浅，层次较薄。蛋黄心位于蛋黄中央，颜色较浅。

(3)蛋白　分4层，由内向外分别为内浓蛋白(系带层蛋白)、内稀蛋白、外浓蛋白、外稀蛋白。

(4)蛋壳膜　分两层，靠近蛋白的一层叫内壳膜或蛋白膜；靠近蛋壳的叫外壳膜。内外蛋壳膜紧密结合在一起，在气室处分界明显。

(5)蛋壳　蛋壳内层为较薄的乳头状突起，外层为较厚的海绵状结构，有气孔与内外相通。新产出的蛋最外层有一层胶质膜封闭气孔。硬壳的主要成分是碳酸钙。

3. 鸡的产蛋性能

(1)蛋鸡的生产性能及产蛋规律

①蛋种鸡的生产性能　一般白壳与褐壳父母代种鸡的生产性能指标见表1。

②商品蛋鸡的生产性能　现代高产蛋种鸡，一般145～165天开产，200日龄左右到达产蛋高峰，产蛋率维持在90%以上，一般可持续5～6周。若按每日产蛋重量计，高峰在240日龄左右，可持续4～5周，而到450～470日龄产蛋迅速下降，蛋品质降低。

一般鸡群从产蛋率10%增至80%，每天产蛋率增加2%～3%；从产蛋率80%增至90%，每天增加1%～1.5%；从90%增至97%，每天增加0.3%～0.5%，之后维持5～6周的产蛋高峰，以后每周下降0.5%～1%，直到72周龄产蛋率降至65%～70%。

表 1　蛋用型父母代种鸡性能指标

项　目	白壳蛋鸡	褐壳蛋鸡
开产日龄(天)	145～155	155～165
20 周龄体重(千克)	1.3～1.4	1.6～1.7
70 周龄体重(千克)	1.6～1.7	2.1～2.3
入舍母鸡产蛋数(个)	260～280	250～270
入舍母鸡产合格种蛋数(个)	210～230	200～220
入孵蛋孵化率(%)	85～87	82～85
入舍母鸡产母雏数(只)	90～100	85～90
产蛋期存活率(%)	90～94	90～93
每只鸡每天耗料(克)	114	123

(2)肉种鸡的产蛋性能　经现代育种方法培育出的肉种鸡，平均 6～6.5 月龄开产，年产蛋 180 个左右，产蛋期存活率 90%以上，高峰期产蛋率及入孵蛋孵化率均在 85%左右，每只种母鸡年可提供肉用仔鸡约 140 只。

种鸡在产蛋期间，若遇饲养管理不善或其他的应激因素，产蛋率会急剧下降。若是在产蛋率的上升阶段，即使取消应激因素，改善了饲养管理条件，也难使产蛋曲线达到应有的高峰；到产蛋开始下降时，其下降的起点较低，下降速度快，导致全期产蛋量低。若在正常产蛋率开始下降时，改善饲养管理条件，如延长光照，加强营养，创造良好的环境条件，产蛋率下降的速度减慢，全期产蛋量增加。因此，生产上应采取各种措施，减少应激因素，促使产蛋具有较高的高峰，并维持较长的时间，减缓下降速度。

(3)影响产蛋量的因素　影响产蛋量的因素主要有开产日龄、产蛋率、产蛋持久性、蛋重、产蛋期存活率等。对于不同品种，开产早的品种产蛋量高；对于同一品种，只有适时开产时产蛋量最高，过早或过晚产蛋量均较低。鸡群产蛋率高时，说明每天产蛋鸡占鸡群总数的比重大，产蛋量高。产蛋持久性强，说明鸡从开产至停产的持续时间长，这样的鸡群产蛋量高。鸡群死亡率低时，整个鸡群的产蛋量高。因此，提高鸡群产蛋量的有效措施是选择早产品种，合理搭配饲料，提高鸡群的产蛋率和蛋重，延长产蛋期，保证鸡群健康。

(4)畸形蛋的形成原因及预防措施　畸形蛋的种类很多，但多见的有以下几种，即双黄蛋、软壳蛋、无黄蛋、异物蛋、沙皮蛋、异状蛋、蛋中蛋等。每种畸形蛋产生的原因各不相同，所以，采取的预防措施也不一样。

①双黄蛋　一个鸡蛋中有两个蛋黄的鸡蛋。

A. 形成原因。营养过剩、激素分泌不平衡(多见刚开产鸡群)。当鸡群营养过剩，特别是蛋白质、能量水平较高时，可导致两个卵子同时成熟，同时排出，经过包蛋白、壳膜、蛋壳等一系列过程后排出体外，形成双黄蛋。从开产至产蛋高峰的鸡群，由于体内激素分泌不平衡，忽高忽低，导致卵子排出不规律，有时两个同时排出，有时隔几天才排出 1 个，由此形成双黄蛋。

B. 预防措施。双黄蛋不可用作种蛋，因为其孵化率极低，且即使孵出雏鸡要么两个均较小，要么孵出一只畸形雏鸡，应尽量避免。对于进入产蛋高峰及其以后的鸡群，因营养过剩而导致双黄蛋多时，应适当降低营养水平；对于刚开产的鸡群一般不加以控制，待其激素调节平衡后自然恢复正常。

②软壳蛋　鸡蛋没有硬壳，可随意变形的鸡蛋(图 9)。

A. 形成的原因。日粮中缺钙和维生素 D、惊吓、疾病、过热、老龄等。

蛋壳的主要成分是碳酸钙，当种鸡日粮中钙的含量过低或者缺少维生素 D，不能保证钙的吸收利用时，蛋壳形成的钙源不足，可引起软壳蛋增加；鸡群受到惊吓时，采食量减少，钙以及其他营

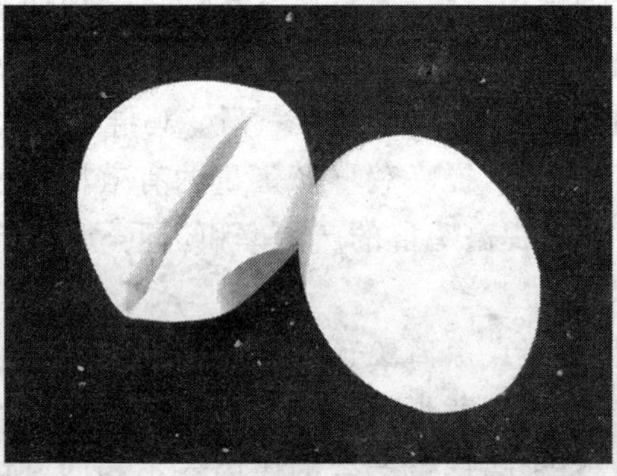

图9　软壳蛋

养物质供应不足，而使蛋壳变薄或难以形成；鸡群感染新城疫、禽流感、传染性支气管炎、减蛋综合征等疾病时，软壳蛋增加；鸡舍温度达到30℃以上时，蛋壳变薄；鸡群年龄到达400日龄以上时，如果不注意补充钙，软壳蛋增加。

B. 预防措施。保证日粮中钙及维生素D的供给，保证鸡舍的安静，搞好疾病的预防，天热时采取有效的防暑降温措施，日龄过大时在饲料中增加钙的含量。

③无黄蛋（又称小蛋）　蛋重极小（图10），打开后没有蛋黄，往往有异物，如输卵管脱落的上皮、不完整的蛋黄等。

A. 形成的原因。输卵管炎症、老龄等。

B. 预防措施。如果鸡群在350日龄以内产小蛋过多，多因输卵管炎症引起，应投喂一些治疗输卵管炎症的药物，如恩诺沙星、诺氟沙星（氟哌酸）等；如果属于老龄性产小蛋过多一般不予治疗。

④沙皮蛋　蛋壳钙质沉积不均匀，手感粗糙，蛋壳较薄（图11）。

A. 形成原因。输卵管炎症尤其是子宫部的炎症、传染性支气管炎等疾病、钙质缺乏或维生素D缺乏，是导致沙皮蛋多的主要

图 10　小蛋、异状蛋

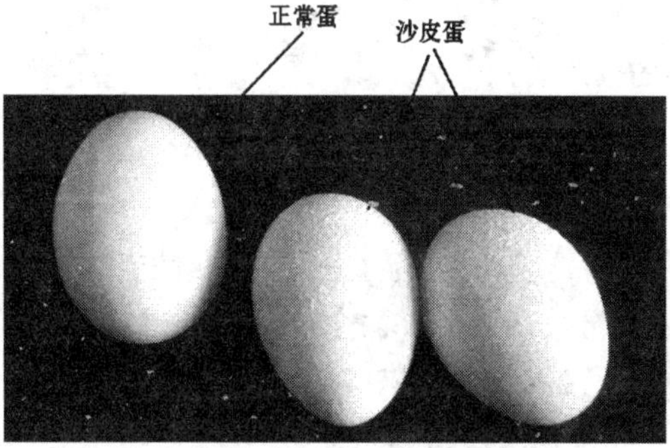

图 11　沙皮蛋

原因。

B. 预防措施。如果发现有因子宫炎而使沙皮蛋增加时，应立即投喂治疗输卵管炎症的药物；如因传染性支气管炎引起的，则饲喂些抗病毒的药物，并用速补饮水，以后搞好传染性支气管炎的预防，注意钙及维生素 D 的供给。

⑤异状蛋　鸡蛋不能成为卵圆形，奇形怪状，如过圆、过长或

有皱纹等。

A. 形成原因。多因输卵管的子宫部出现炎症、传染性支气管炎的后遗症。

B. 预防的方法。同沙皮蛋。

⑥蛋中蛋　一枚鸡蛋有两层硬蛋壳，且两层中间加有一层蛋白。

A. 形成原因。主要因惊吓而成。当产蛋鸡将鸡蛋形成后应立即产出，但因惊吓使输卵管逆蠕动，将鸡蛋挤向输卵管的上方，又包裹一层蛋白，再形成一层蛋壳后方产出。这种情况下特别容易形成母鸡的难产而死亡。

B. 预防措施。保证鸡舍安静，防止噪声和其他动物窜入种鸡舍。

(三)鸡的繁殖特点

鸡的繁殖特点主要表现为卵生，繁殖潜力大，季节性繁殖，有就巢性等。

1. 卵生　鸡属于鸟类，为了适应飞翔，减轻体重，繁殖表现为卵生，胚胎发育分体内和体外两个过程，而主要在体外进行。胚胎发育所需营养不是通过胎盘供给胎儿，而是直接来源于蛋。因此，可采用人工孵化的方法大量繁殖。

2. 繁殖潜力大

(1)产蛋多　蛋种鸡年产蛋 250 个以上，1 只父母代种母鸡年可提供商品代母雏鸡 100 只左右；肉种鸡年产蛋 190 个以上，年提供商品代雏鸡 150 只以上。

(2)精子在母鸡生殖道内存活的时间长　精子在母鸡体内保持受精能力长达 8～10 天，由此保证了较高的种蛋受精率。

(3)胚胎大部分时间在体外发育　鸡没有妊娠期，蛋形成排出体外后，当环境适宜时可发育成幼雏。胚胎体外发育，可以采用人工孵化的方法大量繁殖。

(4)性成熟早　蛋种鸡145～155日龄开产，肉种鸡170～185天开产，并可产出具有受精能力的种蛋，这也是繁殖力高的一种表现。

(5)公鸡的交配能力强　自然交配下，1只公鸡每天可交配40多次，与10～15只母鸡交配均能获得理想的种蛋受精率。

3. 生殖器官结构特殊　母鸡在胚胎发育的7～9天，右侧卵巢和输卵管萎缩退化，仅左侧发育具备正常的生殖功能。

鸡的泄殖腔是生殖、泌尿、排泄的共同通道，因此消化道内容物有可能进入输卵管，包入蛋白形成异物蛋；消化道感染也有可能造成输卵管炎，产生畸形蛋。

4. 繁殖的季节性　自然光照下，不同季节光照时间和强度不同，鸡的繁殖性能也表现为一定的季节性。饲养于北半球的母鸡，在日照逐渐延长的春季，开始产蛋或产蛋增多。现代育种工作中，鸡的产蛋季节性被控制和改造，通过人工光照使其实现了全年性产蛋，而多数地方品种仍然不同程度地表现为季节性繁殖。

5. 抱性(又叫就巢性)　就巢性是家禽在自然条件下为了繁殖后代而保持的一种基本特性。在繁殖季节，母鸡产下一定数目的蛋后，便停止产蛋进行抱窝孵化。在现代化鸡的生产中，由于机械孵化取代了自然孵化，鸡的抱性失去了繁殖后代的价值，人们希望去除抱性，提高生产性能。

目前一些地方品种仍然保持着抱性，抱性是由于脑下垂体前叶分泌的相当于哺乳动物的催乳素作用的结果，具有高度的遗传性。因此，可以通过选择育种减轻或去除抱性。对于正在就巢的母鸡，可将其置于通风良好，光线充足的环境中，使其醒抱。

二、种鸡的外貌选择

在种鸡场，从育雏开始就要不断地选优去劣。而选优去劣的最简便方法是根据外貌进行选择。

（一）育雏期的选择

1. 蛋用雏鸡的选择　蛋鸡在6周龄左右，结合转群进行第一次选择。此时应选留体型外貌符合品种特征、健康无病、体重大小适中、羽毛生长速度快的鸡。淘汰体重过小、有病、外貌或生理上有明显缺陷（如眼瞎、腿瘸、伤残等）的个体。自然交配按照1∶8的公、母比例留种。人工授精按照1∶15留种。

2. 肉用雏鸡的选择　鉴于6～8周龄肉种鸡的体重、生长速度与成年种鸡的体重及全期生长速度有较强的正相关，所以应在6～8周龄选留生长速度快、体重较大、羽毛丰满、身体健康、精神饱满的个体，淘汰体质外貌不符合品种特征、体弱有病、羽毛生长不齐、体重过大或过小的个体。自然交配按照1∶6的公、母比例留种；人工授精按照1∶15留种。

（二）育成期的选择

在18～20周龄，鸡群由育成鸡舍转入成年鸡舍时进行第二次选择。此时应淘汰发育不全、体重严重不足、有明显生理缺陷和疾患的个体。自然交配按照1∶10（肉鸡按照1∶8）的公、母比例留种；人工授精按照1∶20留种。

（三）产蛋期的选择

在正式繁殖以前，对种公鸡和种母鸡再进行一次选择。此时，自然交配按照1∶10～12（肉鸡按照1∶8～10）的公、母比例留种；

人工授精按照 1∶25 留种。

1. 种母鸡的选择 种母鸡外貌应符合品种特征，体质健壮、体重大小适中、肥瘦适度、无病(尤其无输卵管炎)、产蛋率高、蛋品质好。身体过肥或过瘦、反应迟钝、觅食能力差、头粗大或干燥、面部肌肉丰满、胸部狭窄而浅、胸骨短或弯曲、体躯窄、短或驼背、肛门外侧圆而皱缩、内侧干燥的鸡应予以淘汰。

2. 种公鸡的选择 种公鸡外貌应符合品种特征，体质健壮，发育匀称，雄性强。用于人工授精的种公鸡，除具备上述特点外，还应肛门大而湿润，用手按摩其背部，尾巴向上翘，泄殖腔外翻，性反射好，射精量大。精液为乳白色，每次射精量不低于 0.2 毫升，密度为每毫升含精子 30 亿个以上，呈前进运动的精子占 70％以上，pH 值 7 左右。

三、种鸡的配偶比例及利用年限

有些鸡场为了减少开支，尽量减少公鸡的饲养量，使公、母比例过大，种蛋受精率降低；有的为了减少引种费用，将种鸡的利用年限扩大到 2 年以上，造成种蛋受精率降低，胚胎生命力下降，死亡率增加。因此，为了保证正常繁殖率，应有一个合理的公、母比例和利用年限。

(一)配偶比例

不同的配种方式配偶比例不同，不同类型的鸡群配偶比例也不一样。一般情况下，自然交配时蛋用型鸡的公、母比例为 1∶10～12，肉用型鸡的公、母比例为 1∶8～10；人工授精时，公、母比例可扩大到 1∶30～50。

(二)利用年限

鸡的产蛋规律是第一个产蛋年产蛋率最高(胚胎生命力最强),以后每年下降15%～20%。所以,一般父母代种鸡采取1年利用制,优秀的祖代种鸡可利用1.5年。

四、鸡的配种技术

鸡的配种方式有自然交配和人工授精。目前,笼养鸡多采用人工授精;地面平养或散养鸡多为自然交配。

(一)自然交配

将公、母鸡按照要求的比例混群,任其自由交配。这种繁殖方式省人力,种蛋受精率较高。但是,不能准确记录后代的父、母亲,种公鸡的饲养量较大,生产成本较高。自然交配时根据群的大小,分为大群配种和小群配种。大群配种时,一般每群100只母鸡,10只公鸡;小群配种时,10只母鸡,1只公鸡。

(二)人工授精

用人工的方法将种公鸡的精液采出,保存在适宜的环境中,经稀释或不稀释,在限定的时间内,借助器械,将一定量的精液输入到母鸡输卵管内的过程叫人工授精。人工授精是笼养种鸡常采用的繁殖方式,具有很重要的意义。

1. 人工授精的目的和意义

(1)减少种公鸡饲养量　自然交配下种鸡的公、母比例为1∶10,采用人工授精后,每只公鸡可负担30～50只母鸡,加倍稀释后可增加到50～100只。

(2)提高种蛋受精率　有的鸡种公、母体重相差悬殊,自然交配时母鸡背部易受伤，造成部分母鸡拒绝交配，使受精率降低。另外，自然交配下有些公鸡对母鸡有选择性，或者群大时公鸡之间互相争配，导致受精率低。采用人工授精后避免了公、母之间的直接接触，同时使每只母鸡都能得到同样的机会，种蛋受精率明显提高。

(3)使繁殖不受饲养方式限制，并且可进行准确记录　由于种鸡采用笼养方式，使公、母鸡自然交配受到了限制，而人工授精时，公、母鸡虽不直接接触，也能达到精、卵结合的目的，同时还可准确记录种公、母鸡，为选种和育种提供方便。

(4)扩大基因库　实行精液冷冻保存，可消除公鸡年龄、时间、地区、甚至国界的限制。即使公鸡死后，仍可利用其精液继续繁衍后代，同时可通过保存精液保存优良的种质资源。

2. 人工授精的方法和步骤　人工授精的操作分为采精和输精两个过程。

(1)人工授精前的准备　人工授精前应确定人员，进行种公鸡的训练、仪器和用具的准备。

①人员确定　要求人工授精人员动作灵活，反应灵敏，责任心强。一般经 1～2 周的培训就能熟练掌握。

②种公鸡训练　正式采精前 3～5 天开始训练(方法同正式采精法)，每天 2 次。经训练后仍不反射或不射精者，应淘汰。能使用的公鸡应将其肛门周围羽毛剪去，以防污染精液。

③器具　人工授精所需主要器具有采精杯(不漏的漏斗)、10～15 毫升棕色试管(集精杯)、保温杯、温度计、输精管(刻度滴管或 1 毫升注射器)、显微镜等。

采精杯为实心小漏斗，最好为棕色，也可用高脚玻璃酒杯代替，还可用漏斗将其漏口处用蜡封住，容量为 5.8～6.5 毫升。

集精杯最好为一棕色试管，不具备者可用白色试管代替。容量为 10～15 毫升，有刻度，管壁厚 1 毫米以上，防止被输精管捅破。

滴管为普通型，5 毫升左右，目的将刚采出的精液迅速转移到集精杯中。

保温杯容量为 250 毫升，杯口由软木塞或泡沫塞堵住，木塞或泡沫塞上钻有 2～3 个与集精杯外径相同的圆孔，1 个与温度计直径相同的小圆孔。保温杯内放 25℃～35℃的温水。集精杯通过木塞或泡沫孔插入盛有温水的保温杯内，杯口卡在塞上，温度计通过塞孔插入水中，测量水温。

输精管可用管壁较厚、内径较细、边缘较光滑的刻度棕色滴管；也可用 1 毫升的注射器（去掉针头），注射器头用塑料管接一细玻璃管。

另备 400～1 250 倍的显微镜和 0℃～50℃的酒精温度计。

药品为 0.9％氯化钠注射液（生理盐水）。

④精液品质检查　精液品质的优劣主要通过精液的颜色、数量、浓度、活力、pH 值等指标反映出来。颜色和数量可用肉眼观察。检查浓度时，取 1 滴精液，涂在载玻片上，盖上盖玻片，在显微镜下观察，若整个视野被精子占满，每毫升精子数约为 40 亿个；若精子之间距离明显，每毫升含 20 亿～30 亿个；若视野中有大量空间，其精子含量则在 20 亿个以下。观察活力时，各取 1 滴精液和生理盐水，混匀，在显微镜下观察。

正常精液为乳白色，1 只公鸡每次射精量为 0.25～1 毫升，密度为每毫升 30 亿个以上，呈前进运动的精子占 70％以上，pH 值约为 7。符合上述条件时，可给母鸡输精。若精液颜色发红带血，或被粪尿污染，密度太低，呈转圈运动的较多，pH 值过高或过低，为不正常精液，不能进行输精。

（2）采精　目前鸡场常用腹背按摩法 2 人操作，1 人保定，1 人采精。保定者两手分握公鸡两腿，使其自然分开，头向后，尾朝采精者。采精者右手拇指与其余四指分开，并用中指和无名指夹住采精杯，置于肛门下腹部，使器口向外。左手沿公鸡背鞍部按摩3～6次，待鸡翘尾有性反射时，迅速翻到肛门两侧，用拇指和食指轻轻挤压。与此同时，右手在腹部揉弄几下，并将采精杯口置于肛门下接收精液。

种公鸡以每周采精3～5次为宜。注意将采出的精液保存在25℃～35℃的环境中，20～30分钟内用完。

(3)输精　输精也为2人操作(3人一组可加快速度)，1人(或2人)翻肛，1人输精。翻肛者一手握住母鸡的两腿，将其提至笼口处，另一手拇指与其余四指分开，在腹部稍稍挤压，输卵管口翻出(左侧开口)。输精者将吸好精液的输精管插入输卵管1.5～2.0厘米，将精液挤进。

母鸡每次的输精量为0.025～0.05毫升，每3～5天输精1次。最好下午2时后输精，输精后48小时可采集种蛋。

每次输完精后将所有器械进行蒸煮消毒(蜡封口时用酒精消毒)，晾干后待用。用酒精消毒时，必须待酒精气味挥发完后再用。

五、鸡的孵化

为了保证较高的孵化率、健雏率和雏鸡的成活率，应精选种蛋，严格控制孵化条件，经常不断地对孵化效果进行检查。

(一)孵化厂的布局与孵化室的建造

1. 孵化厂的布局　孵化厂的布局及工艺流程必须严格遵循由种蛋→种蛋消毒→种蛋贮存→种蛋入孵→孵化→移盘→出雏→雏鸡处理→雏鸡存放→雏鸡销售的单向流程，不可逆转。根据这一原则，小型孵化厂一般呈直线布局；大型孵化厂则以孵化室为中心安排其他各室的位置和面积。同时，还应考虑到缩短操作距离，提高劳动生产率。孵化厂应水、电供应充足，任何时候均不能停电、停水。

2. 孵化室的建造　孵化室应具有良好的保温隔热性能，长年温度保持在20℃～25℃。通风良好，安装排风扇。地面平坦光滑，有排水沟，以利于冲刷和消毒。具有足够的活动空间，便于蛋车的运转。屋顶吊天花板，墙壁及天花板用白灰粉刷，天花板距地面3.2～3.5米，距孵化器顶部1～1.5米。光线不能太强，采光系数为1∶15～25。

(二)种蛋处理

1. 种蛋的选择　种蛋必须来源于健康的种鸡群，种鸡不应携带可经蛋传播的病原，如鸡白痢菌、鸡支原体、鸡白血病病毒等。种鸡应喂全价的配合料，采用科学的饲养管理方法。种蛋的蛋面要清洁，蛋壳完整无裂缝，颜色正常，表面钙质沉积均匀；蛋重适中，蛋形正常，蛋的长径与短径之比在1.32～1.39之间。

2. 种蛋的保存　种蛋保存的适宜温度为12℃～15℃，相对湿度为75%～80%。种蛋库应通风良好，不被太阳直射，没有苍蝇、蚊子。保存期不应超过2周。当保存期超过1周时，每天最好翻蛋1次，以防蛋黄与蛋壳粘连。大型种鸡场的蛋库，可为地下或半地下式，并安装空调和取暖设备；小型种鸡场可用普通的房屋，冬季配备取暖设备，夏季将种蛋放入菜窖内、水塔下或安装空调。

3. 种蛋消毒　种蛋在入孵前需消毒2次：第一次在捡蛋后，第二次在加温孵化以前。常用的消毒方法是高锰酸钾—福尔马林(40%甲醛溶液)熏蒸法。即每立方米用高锰酸钾15克，福尔马林30毫升，在温度为25℃、相对湿度为65%～75%的环境下熏蒸30分钟，然后将多余的气体放出。消毒可在专门的消毒箱、消毒室内，也可在孵化箱内(箱内无其他胚龄的种蛋)，还可临时用塑料布将种蛋罩住，周围用土压紧，既简单又省药。消毒药液最好用瓷盆或搪瓷盆，先放高锰酸钾，后放福尔马林。

4. 种蛋的运输 装运种蛋最好有专门的种蛋箱，若不具备，可用纸箱或木箱代替，放一层柔软垫料一层种蛋。途中防止剧烈颠簸，避免受冻、暴晒和雨淋。

(三)孵化条件的控制

孵化条件主要指温度、湿度、通风、翻蛋。

1. 温度 鸡胚胎发育适宜的温度为37℃～39.5℃。立体机械孵化的适宜温度为37.8℃，出雏时的适宜温度为37.3℃～37.5℃。胚胎发育对温度有一定的适应能力，在35℃～40℃的范围内，都有一些种蛋能出雏，但过高或过低，出雏率低，雏鸡软弱。当温度偏低时，胚胎发育迟缓，出雏时间推迟，雏鸡腹部大，站立不稳，出雏率低；温度偏高时，雏鸡发育过快，出雏时间提前，雏鸡脐带愈合不良。

2. 湿度 立体孵化适宜的相对湿度1～19天为55%～60%，开始出雏时将湿度提高到65%～70%。胚胎发育对湿度的适应范围较宽，一般在40%～70%的相对湿度下，对胚胎不会有明显影响。但当湿度过高时，蛋内的水分不能正常蒸发，雏鸡腹大，站立不稳，脐带愈合不良，带血，卵黄不能完全吸收，羽毛污秽等；湿度过低时，蛋内水分蒸发过多，使胚胎与蛋壳粘连，引起胚胎脱水。另外，湿度过低时，胚胎所需营养物质得不到彻底分解，使胚胎发育不良。湿度控制的关键在于出雏时湿度不能低，16～18天时湿度不能高。

3. 通风 通风可保证胚胎氧气的吸入和二氧化碳的排出。一般要求孵化器内氧气含量为21%，二氧化碳含量不超过0.5%。孵化期间，除前3天外，其他阶段胚胎都要与外界进行经常不断的气体交换，尤其到孵化后期(18天后)，胚胎由尿囊呼吸转为肺呼吸，对氧气的需求量剧增，要特别注意。有条件的孵化厂可安装充氧设备，中、小型厂可通过加大通风量改变机内的空气环境，如孵化室安排风扇，孵化器进出气孔全部打开等。

4. 翻蛋　翻蛋可保证胚胎受热均匀，促进胚胎运动，防止胚胎与蛋壳粘连。孵化时以每1～2小时翻蛋1次为宜，18天后停止翻蛋。翻蛋对1周前的胚胎发育尤为重要。翻蛋角度以水平位置前后倾各45°为宜，若为手工翻蛋，以180°为宜。翻蛋的动作要轻、稳、慢。

（四）机械孵化的操作管理

1. 孵化前的准备

（1）孵化室　孵化室保温隔热性能好，温度应保持在20℃～26℃。通风良好。地面平坦宽阔，有排水沟，以利于冲刷和消毒。屋顶吊天花板，墙壁及天花板用白灰粉刷，天花板与地面间距3.2～3.5米，距孵化器顶部的距离为1～1.5米。光线弱，采光系数为1∶15～25。孵化前，应进行彻底的清扫、洗刷和消毒；孵化过程中每出一批雏消毒一次。初次消毒可用高锰酸钾—福尔马林熏蒸，以后用消毒液喷洒。

（2）孵化器的检修与试车　在开机前应对孵化器进行彻底检修，着重检修加热、加湿、翻蛋、通风系统是否能正常工作，调控系统是否灵敏，并对温度计进行校对（以体温计为标准），确认一切正常时，正式入孵前2～3天可开机试车。把孵化器内的所有条件按照孵化的要求调整，待调控灵敏、温度稳定、运转正常时可消毒、入孵。

（3）准备孵化记录表格　孵化前应准备好一系列的孵化记录表格，主要有孵化进程表、孵化记录表、孵化管理表等（表2至表4）。

五、鸡的孵化

表 2　孵化进程表

日期(日/月)	第一批(1 号机)	第二批(2 号机)	第三批(3 号机)
31/3	入　孵		
1/4		入　孵	
2/4			入　孵
3/4			
4/4			
5/4	一　照		
6/4		一　照	
7/4			一　照
8～17/4			
18/4	二照移盘		
19/4		二照移盘	
20/4	出　雏		二照移盘
21/4	出　雏	出　雏	
22/4		出　雏	出　雏
23/4			出　雏
24/4			

表 3　孵化记录表

批次	入孵时间	入孵数量	无精			中死			死胎	碎蛋	出雏			受精蛋数	受精率(%)	受精蛋孵化率(%)	入孵蛋孵化率(%)	备注
			一照	二照	合计	一照	二照	合计			健雏	弱雏	合计					

表 4　孵化管理表

日　期	2 时			4 时			6 时			8 时			……	
	温度(%)	湿度(%)	翻蛋	温度(%)	湿度(%)	翻蛋	温度(%)	湿度(%)	翻蛋	温度(%)	湿度(%)	翻蛋	…	…
1	37.8	57	前	37.9	55	后								
2														
3														
4														
…														

2. 孵化的操作管理技术

(1)码盘、预热、上蛋　将待孵种蛋按大头朝上码盘，装入蛋车，记录蛋的数量、品种、入孵时间等，将蛋车推入孵化室，预热 12 小时后，可装机。入孵的时间一般安排在下午 4 时以后，大批出雏时间可赶在白天。

(2)孵化机的管理

①孵化条件的控制

A. 温度。孵化温度每 0.5 小时观察 1 次,每 2 小时记录 1 次,由于开门引起的温度下降属于正常,不要调节。

B. 湿度。自动加湿的孵化器,应经常检查水管是否通畅,电机是否能正常运转;用人工加水的孵化器,每天早上将水盘加满,出雏时根据干湿球温度计的指示增加水盘,并且孵化室地面经常喷水,每捡完 1 次雏鸡换 1 次水,或用木棍在水盘内搅拌,使水面覆盖的绒毛沉底,避免影响水分蒸发。干湿球温度计内应加蒸馏水,防止水中的矿物盐析到纱布上,影响水分的蒸发。

C. 通风。刚入孵的前 3 天可将进出气孔全部关闭,有利于升温和节省电力,以后可打开 1/2～2/3,18 天以后全部打开(或按孵化机的使用说明调节进出气孔)。经常检查风扇是否正常运转。

D. 翻蛋。将翻蛋定时器定到 2 小时,每次应记录翻蛋的方向,如前倾或后倾,左倾或右倾等。若采用人工手动翻蛋,翻蛋的速度要缓慢,翻蛋的角度要确实。

②照蛋和移盘　一般孵化期需照检两次,第一次在孵化后的 5～6 天(褐壳鸡蛋在 9～10 天),第二次在 18～19 天。照蛋前将室温升高到 30℃,拉出一个蛋车或抽出部分蛋盘照检,待照完该部分后,将其推回机内,拉出另一部分,直至照完。照检过程中将无精蛋和死胚蛋剔除,空位用活胚蛋补充,以便统计。结合 18～19 天的照检进行移盘,即把胚蛋由孵化器移入出雏器。移盘时因蛋壳较脆,动作要轻,防止蛋壳破裂。移盘后要加大出雏器内的湿度,降低温度。

③出雏　孵化条件控制适宜时入孵 20 天开始出雏。出雏时要求安静,光线暗,不可经常开门,出雏器内空间大时,可进行一次出雏;空间小时,分 3 次出雏。每次将毛干的捡出,蛋壳扔掉。动作要快,以防捡雏时间太长,造成机内温度过低。

④出雏器的清扫和消毒　一般雏鸡24小时内可全部出完，未出壳的不进行助产，将其视为毛蛋处理。之后彻底清扫洗刷出雏器，最后用熏蒸法进行消毒，备用。出雏盘要在消毒药水（0.1%高锰酸钾、百毒杀、1210等）中浸泡，用清水洗净后，放入出雏器中一起熏蒸消毒。

⑤停电时的应急措施　孵化厂应准备发电机以防突然停电。若无发电机，可将孵化室升温至37℃，打开机门，每0.5小时翻蛋1次；地面喷水。若为短时间停电，可稍等。

3. 初生雏鸡的管理　捡出的雏鸡存放到30℃左右的雏鸡存放室，等待雌雄鉴别和疫苗接种。之后进行选择，过数装箱，准备外运。

（五）孵化效果的检查

孵化过程中，应经常不断地对孵化效果进行检查。常用的方法有照检以及观察出雏情况。

1. 衡量孵化效果的主要指标　包括受精率、孵化率、健雏率和死胎率。一般要求受精率应90%，受精蛋孵化率应高于90%，入孵蛋孵化率应高于87%，健雏率应高于98%，死胎率应低于8%。

（1）受精率

$$受精率(\%)=\frac{受精蛋数}{入孵蛋数}\times100\%$$

（2）孵化率

$$受精蛋孵化率(\%)=\frac{出雏数}{受精蛋数}\times100\%$$

$$入孵蛋孵化率(\%)=\frac{出雏数}{入孵蛋数}\times100\%$$

(3)健雏率

$$健雏率(\%)=\frac{健雏数}{出雏数}\times 100\%$$

(4)死胎率

$$死胎率(\%)=\frac{死胎蛋数}{受精蛋数}\times 100\%$$

2. 照检 用一可聚光的照卵器透视蛋内胚胎的发育情况,检查孵化效果的方法即为照检。生产上一般照检2次。

(1)头照 白壳种蛋在入孵后5～6天,褐壳种蛋在入孵后8～9天进行。头照的目的是剔除无精蛋和死蛋,空出蛋位以供下批用,观察胚胎发育情况,作为调节孵化条件的依据。头照时(以入孵后5天为例),正常胚胎头部发育较大,尾部较小,黑色眼点清晰可见,血管呈放射状,蛋色暗红;弱胚体小,眼点不明显,血管纤细;死胚多为一血环或不完整的血环,有的为一血线;无精蛋又称白蛋,蛋色浅黄,透明发亮,用手摇动时隐约可见蛋黄在动。

(2)二照(落盘照) 二照的时间是入孵后18～19天。目的是剔除死胚蛋,观察胚胎发育情况。落盘照的正常胚蛋呈暗黑,气室倾斜,边缘为暗红色,蛋内有黑影晃动;弱胚胎儿较小,气室较小,血管面积大;死胚因死的胚龄不同而异,但均有一黑色死胚,蛋内液体呈灰黑色。

另外,在孵化过程中应不定期地对胚蛋进行抽检,将抽检结果与标准胚胎发育图谱比较,若发育太快应适当降低孵化温度,相反应升温。

3. 观察出雏情况 孵化正常时,出雏时间准(轻型鸡20.5天,中型鸡21天,重型鸡21.5天),整齐一致,从开始出雏到最后清摊约需24小时。若出雏时间提前,往往是后期孵化温度高,湿度小所致;若出雏时间错后,多为孵化温度低,湿度大;当出雏时间不整齐时,如有的过早,有的过晚,多为种蛋保存时间长,或种鸡营养不良所致。

初生雏鸡的表现能反映孵化条件是否适宜。孵化条件适宜时，雏鸡羽毛有光泽，叫声洪亮，两脚站立稳健，腹部大小适中，脐带愈合良好；孵化温度高时，雏鸡羽毛短而干枯，个体小，脐带常带血，卵黄吸收不良；孵化温度低时，雏鸡羽毛长而污秽，个体大，腹部大，两脚站立不稳。

4. 死亡曲线分析　以胚龄为横坐标，死亡率为纵坐标，画出的曲线为死亡曲线。正常情况下胚胎的死亡曲线有两个死亡高峰，第一个高峰在 3～5 天，大约占死亡率的 15%；第二个死亡高峰在 18～19 天，大约占死亡率的 60%。如果孵化期间的死亡曲线偏离标准曲线太远，说明孵化条件或种蛋、种鸡方面存在问题。

（六）孵化率低的原因分析及解决办法

影响孵化率的因素很多，如遗传因素、种鸡饲养管理水平、种蛋的处理、孵化条件的控制等。其中遗传因素是难以改变的，如蛋鸡的孵化率高于肉鸡，杂交品种高于纯种。这类因素只有通过育种措施才能得以改善。其他条件通过对孵化效果的检查，随时发现问题随时解决。

1. 种鸡营养缺乏　种鸡缺乏维生素 A 时，胚胎 2～3 天死亡率高，胎位不正，雏鸡眼睑溃烂，失明，病死胚胎肾脏尿酸盐沉积。维生素 D 缺乏时，雏鸡发育不良，软骨，皮下水肿。维生素 B_1 缺乏时，大部分胚胎在出壳前死亡，已破壳的雏鸡呈“观星”征候，即颈后拧，头望天。维生素 B_2 缺乏时，9～14 日龄死亡率高，雏鸡卷趾、侏儒、水肿。钙、磷缺乏时，孵化率低，雏鸡喙、腿短而软，14～18 天死亡率高。蛋白质缺乏时，雏鸡软弱，营养不良，羽毛污秽。几乎所有的营养素都对孵化率有影响，只是有些营养不易缺乏，有些经常出现缺乏症而已。通过对孵化效果的检查，若确定为营养因素影响孵化率，应及时调整日粮，补足所缺乏的营养素。

2. 种蛋处理不当 种蛋保存时间过长，孵化前期死亡率高，雏鸡弱小，出雏时间不整齐。种蛋受冻或受热时，头照死亡率高。种蛋在运输途中受到剧烈颠簸时，胚胎死亡率高。因此，种蛋的保存时间越短越好，最长不能超过2周。保存种蛋的温度应控制好，冬季运输时应加盖棉被，且途中防止剧烈颠簸。

3. 孵化条件控制不当 孵化前期温度高，胚胎发育快，尿囊合拢早，胎位不正，出雏时间提前，雏鸡小，羽毛污秽。后期温度高，出雏时死亡率高，胎位不正，死胚内脏出血；雏鸡毛短，个小，羽毛污秽，脐带愈合不良，带血，出雏率低。若育雏舍卫生条件差时，雏鸡脐带炎的发病率高，死亡率增加。孵化温度低时，胚胎发育迟缓，出壳时间推迟，雏鸡腹大，毛长而污秽，软弱，两脚站立不稳，成活率低。湿度过大时，气室太小，常因氧气不足而窒息死亡，死胚消化道内充满液体，雏鸡腹大，软弱，羽毛污秽；湿度过小时，胚胎分解营养物质所需的水分得不到满足，造成营养不良，雏鸡弱小，出雏时间长，成活率低。后期通风不良时，导致胎位不正，雏鸡脐带愈合不良，出雏率低。

为保证正常的孵化率，必须给胚胎发育创造适宜的环境条件。温度的高低应根据胚胎发育情况而调节，即“看胎施温”。同时，应注意前期温度不能太低，后期温度不能太高。造成孵化湿度大的原因较多，如水盘多，通风量小，空气潮湿等。另外，当蛋壳过厚时，因蛋内水分蒸发量小，所孵雏鸡也有湿度大的表现。因此，解决湿度大的方法应根据产生的原因采取相应措施。如减少水盘，加大通风量，空气潮湿或蛋壳厚时，湿度适当减小；控制湿度小的方法是增加水盘，地面洒水，加温水时湿度增加快。孵化时的空气越新鲜越好，只是要考虑到温度、湿度等条件的变化，一般孵化前期通风量较小，后期通风量大，尤其是18天以后，将进、出气孔全部打开，并将孵化室的排风扇开动。

六、初生雏鸡的雌雄鉴别

商品蛋鸡雌雄鉴别后，将公雏淘汰，只留母雏饲养，可节约一半的场地、人力、物力和财力；雏鸡也发育整齐，成活率高。父母代种鸡雌雄鉴别后，将父系和母系分开饲养，便于管理。目前常用的雌雄鉴别方法主要有肛门鉴别法、羽色鉴别法与羽速鉴别法。

(一)肛门鉴别法

这种方法适合于鉴别任何品种的鸡，但目前多用于父母代种鸡的鉴别。肛门鉴别法的准确率高(可达到98%～100%)，但技术难以掌握，对雏鸡的伤害较大。所以，商品蛋鸡生产中已很少使用这种方法。

1. 依据　主要依据是鸡退化的交尾器的结构及形态。鸡的泄殖腔的开口腹侧有一退化的交尾器，它由生殖突起和八字状襞组成，生殖突起在中央，突起两边为斜向内方的呈八字状的皱襞，即八字状襞。在孵化初期公、母均有生殖突起，到中后期母鸡的突起开始退化，至出雏时，有一部分已经完全退化，所以鉴别时见不到突起的为母雏。但还有一部分母雏仍然保留突起，此时公、母鸡的突起已有组织形态上的差异，主要区别见表5。

表5　公、母鸡生殖突起的组织形态差异

性　别	充血程度	弹性大小	变形程度	突起周围陪衬	突起顶端	有无光泽
公	易	大	不　易	有　力	钝　圆	有
母	不　易	小	易	无　力	尖	缺　乏

2. 方法　鉴别者右手将鸡抓起，迅速转入左手，使雏鸡颈部

置于无名指和中指之间(注意不要用力,避免雏鸡窒息死亡),小手指和无名指握住雏鸡两腿,头向手背方向,腹部朝上,将雏鸡握于左手中,此时用左手的拇指和食指分别置于雏鸡的左右髂部柔软处,轻轻挤压,迫使雏鸡排出胎粪。之后,右手食指置于肛门的右下角,拇指置于脐带上方,左手食指置于肛门左上角,与右手食指形成一个三角区,再将置于脐带上的右手拇指轻向上推挑,泄殖腔及周围组织便暴露出来,根据生殖突起的有无及组织形态进行鉴别,最后将雏鸡放入不同的雏鸡盒内。

3. 鉴别所需用具 主要有鉴别台、台灯、排粪缸、椅子等。

鉴别台由鉴别盒和支架组成,鉴别盒长 1.2～1.3 米、宽 0.5～0.6 米、前深 15～20 厘米、后深 20～25 厘米,分 3 格,中间格稍大,放混合雏,两边格稍小,分别放公、母雏。支架高 75～80 厘米。台灯最好为铁罩,用 60～100 瓦的灯泡。排粪缸直径 20 厘米,深 35～40 厘米。鉴别椅最好用可升降的,以便随时根据鉴别员的情况调节高度。

4. 注意事项 鉴别时动作要轻。鉴别必须在雏鸡出壳后 24 小时之内,以 5～6 小时较适宜。鉴别需要在 60～100 瓦的灯光下进行。1 只雏鸡只鉴别 1 次,不能反复鉴别。

(二)羽色鉴别法及羽速鉴别法

褐壳蛋鸡生产中主要使用羽色鉴别,白壳蛋鸡及粉壳蛋鸡常使用快、慢羽鉴别,这些方法简单,容易掌握,准确率高达 98%～99%,但需要经育种手段培育专门的配套体系。

1. 羽色鉴别法 控制金黄色和银白色羽毛的基因是位于性染色体上的伴性基因,其中银白色(S)对金黄色(s)为显性,若培育出具有金黄色羽毛的公鸡(Z^sZ^s)和具有银白色羽毛的母鸡(Z^SW),二者交配后其后代公鸡为银白色,母鸡为金黄色。表示为:

(Z^sZ^s)　×　(Z^SW)　→　(Z^SZ^s)　＋　(Z^sW)

金黄色羽毛的公鸡　银白色羽毛的母鸡　银白色公鸡　金黄色母鸡

鉴别时，公鸡不完全都是银白色羽毛，母鸡也不完全是金黄色羽毛，还有一些是中间色。

下列几种情况属于母雏：①全身浅褐色羽毛；②浅褐色，头部带白色条纹，背部有1～3条白色条纹；③浅褐色，头部有白斑；④深红色，头部和背部有黑色条纹；⑤白色，眼睛周围为浅褐色并延伸至头顶。

下列几种情况属于公雏：①全身羽毛白色或近白色；②白色、头部带红色条纹，背部有1～3条红色条纹；③白色，头部有红斑；④白色，头部和背部有黑色条纹；⑤白色，眼睛周围为红色，头顶隐约可见红色条纹。

目前多数褐壳蛋鸡商品代的鉴别采用这种方法，如海兰褐壳蛋鸡、伊萨褐壳蛋鸡、罗曼褐壳蛋鸡、罗斯褐壳蛋鸡、尼克褐壳蛋鸡等。

2. 快慢羽鉴别法　又称羽速鉴别法。控制快羽和慢羽的基因也位于性染色体上的伴性基因，其中慢羽(K)对快羽(k)为显性，若培育出具有快羽的公鸡(Z^kZ^k)和具有慢羽的母鸡(Z^KW)，二者交配后其后代公鸡为慢羽，母鸡为快羽。表示为：

(Z^kZ^k) × (Z^KW) → (Z^KZ^k)　　(Z^kW)

快羽公鸡　慢羽母鸡　慢羽公鸡　快羽母鸡

快羽鸡的判定标准：主翼羽长于覆主翼羽2毫米以上者为快羽型。

慢羽鸡的判定标准：主翼羽长于覆主翼羽2毫米以内者为慢羽型，或主翼羽与覆主翼羽等长；或主翼羽短于覆主翼羽。

思考题：

1. 种鸡怎样选优去劣？

2. 种鸡的配偶比例和使用年限是怎样规定的？

3. 鸡人工授精的意义，叙述人工授精的方法和步骤。

4. 怎样对孵化效果进行检查？

5. 孵化率低的原因分析及怎样解决？

6. 如有条件，最好在孵化厂参加从入孵到孵出全过程的实习。

第五章　鸡的营养与饲料

一、鸡的消化生理解剖特点

(一)鸡的消化系统

鸡的消化系统由喙、口腔、食管、嗉囊、胃(腺胃、肌胃)、小肠(十二指肠、空肠、回肠)、盲肠、大肠和泄殖腔组成(图12)。

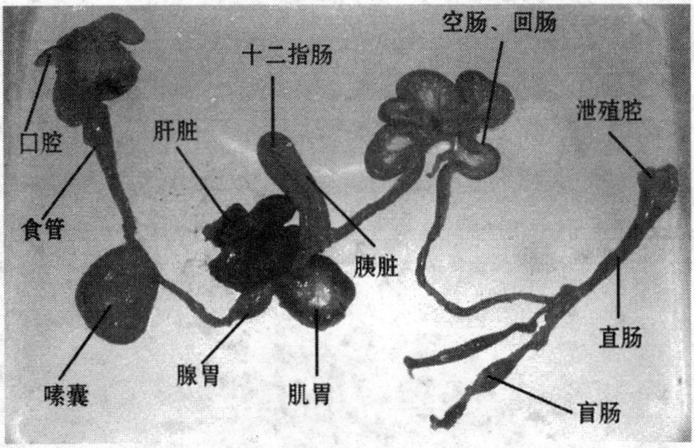

图12　鸡的消化系统

1. 喙和口腔　鸡没有软腭、唇和牙齿,用角质坚硬的喙采食食物。口腔内唾液腺不发达,唾液内含少量的淀粉酶。

2. 食管和嗉囊　食管位于颈部偏于气管右侧,其黏膜有许多皱褶，可使较大块的食物通过。食管在进入体腔前膨大形成嗉囊。嗉囊有临时储存和软化食物的作用。

3. 胃 鸡的胃有两个——腺胃和肌胃。

(1)腺胃 呈纺锤形，胃壁较厚，黏膜表面形成腺乳头，乳头上有胃腺的开口。腺细胞分泌胃液，其中含有胃蛋白酶和盐酸，具有消化蛋白质和溶解矿物质的作用。胃液中的酶在食物进入肌胃后发生作用。

(2)肌胃 又称砂囊，紧连腺胃，呈圆形或椭圆形，质地坚实。肌胃的肌肉非常发达，具有强大的力量。肌胃内有很厚的黏膜，其表面不断地被磨损并脱落。肌胃黏膜有很多小腺体，它分泌的胶样物质能迅速硬化，形成一层淡黄色、坚硬的角质膜——鸡内金，使胃壁在粉碎坚硬饲料时不致受损。肌胃在进食后肌肉开始收缩，磨碎食物，类似牙齿的咀嚼作用。鸡的饲料中添加沙砾和细石子，有利于食物的消化。肌胃主要作用是对食物起机械性磨碎作用。

4. 小肠 前连肌胃，后接盲肠，分为十二指肠、空肠和回肠。十二指肠呈"U"形弯曲，弯曲中间为胰脏，下段的空肠、回肠无明显的界线，一般以卵黄囊痕迹为界线。卵黄囊痕迹以上到十二指肠的一段小肠叫空肠，其下的一段为回肠。

5. 盲肠 位于小肠和大肠的交界处，呈盲管状，盲端向心。鸡的盲肠有消化粗纤维的作用，但由于小肠中的食物只有6%～10%进入盲肠，所以鸡对粗纤维的消化能力很低。此外，盲肠可以吸收少量的水，并消化少量的碳水化合物和蛋白质，并在其中发生细菌活动。距离回肠、盲肠交界处约1厘米的盲肠壁上有丰富的淋巴组织，称盲肠扁桃体。

6. 大肠 盲肠下端相连的是大肠，由结肠和直肠组成，二者界限不明显。成年鸡的大肠仅10厘米长。大肠具有重新吸收水分保持体内水分平衡的作用。

7. 泄殖腔　泄殖腔是禽类所特有的，它是消化、泌尿、生殖的共同通道。主要作用是保证蛋的产出（母鸡）、精液的排出（公鸡）、排尿、排粪。

8. 肝和胰脏

（1）肝脏　鸡的肝较大，重约 50 克，分左右两叶，右叶大于左叶。成年鸡的肝一般呈暗褐色，雏鸡呈黄色。右叶肝脏有胆囊，用来储存胆汁。肝脏的主要功能是分泌胆汁，胆汁对脂肪的消化是必不可少的。胆汁通过胆囊发出的胆囊管流入十二指肠内。左叶肝脏分泌的胆汁不流入胆囊而直接通过胆囊管流入十二指肠。

（2）胰脏　位于十二指肠的“U”形弯曲内，呈淡红色，有 2～3 条胰管与胆管一起开口于十二指肠。胰脏分泌胰液，胰液中含有多种消化酶，有助于淀粉、蛋白质和脂肪的消化，还可以中和前胃分泌物的酸性。

（二）鸡的消化特点

鸡的消化特点主要有：①鸡的角质坚硬的喙便于啄食细碎的粒状饲料。②鸡的口腔没有牙齿，味蕾数量极少，味觉差，寻找食物主要靠视觉和嗅觉。③鸡的嗉囊弹性很大，主要是储存食物，并分泌黏液软化饲料。④鸡的肌胃可代替牙齿对食物进行机械研磨作用，因此应给鸡经常喂沙砾。⑤鸡的消化道短，约为体长的 6 倍，与牛（20 倍）、猪（14 倍）相比短得多。消化道容积小，饲料通过鸡消化道的速度快，一般 4 小时排出。故对营养物质消化吸收不完全。因此，生产上应增加喂料次数或采食时间。⑥鸡对粗纤维的消化率低。鸡的消化道内没有分泌消化粗纤维的酶，盲肠微生物可分泌，有消化粗纤维的作用，但从小肠来的食物只有 6%～10%进入盲肠，盲肠所起的作用是有限的。鸡饲料中应特别注意粗纤维含量不能过高，一般不超过 5%。否则，会因粗纤维含量高而降低饲料的消化率。⑦鸡的泄殖腔是直肠、输尿管、输精管或输卵管的共同开口，所以鸡粪表面有一层白色的尿酸盐。

二、鸡的营养需要与饲养标准

(一)鸡的营养需要

为了保证鸡的正常生长发育、生产和繁殖，需要能量、蛋白质、矿物质、维生素和水等营养物质，各种养分在体内起着不同的营养作用。

1. 能量 能量是维持机体正常运动、呼吸、循环、吸收、排泄、神经系统、繁殖、体温调节等活动必不可少的营养。饲料中能量不足，雏鸡逐渐消瘦，体重减轻，生长发育受阻，抗病力降低；成鸡体重下降，产蛋量减少，蛋重减轻。能量过高，鸡易肥胖，引起雏鸡过早性成熟，而影响全期产蛋；成鸡脂肪浸润卵巢，可使产蛋量减少或停产。能量过高时还会出现脂肪肝，这种现象在肉用种鸡及褐壳蛋鸡群较多发生。

能量的主要来源是能量饲料，常用的有玉米、小麦、大麦、燕麦、高粱、碎米、小米、大米、麸皮、米糠、甘薯以及糟渣类。

2. 蛋白质 蛋白质是机体所有器官的组成成分，血液、肌肉、皮肤、羽毛以及内脏器官主要由蛋白质构成，参与代谢的酶、激素、抗体等也离不开蛋白质。生长鸡蛋白质缺乏时，生长缓慢，体重减轻，抗病力下降，羽毛干枯，有时出现贫血。鸡蛋中蛋白质含量为13.3%左右。成年产蛋鸡蛋白质缺乏时，蛋重减轻，产蛋量减少。蛋白质过量时，多余的蛋白质转化为能量，而造成蛋白质的浪费，使饲养成本提高；严重超标时造成机体代谢紊乱，出现蛋白质中毒症，即“痛风”，表现为排出大量白色稀便，并有鸡只死亡现象，病死鸡腹腔内沉积大量尿酸盐。

在配合饲料时，除考虑蛋白质的含量外，还应注意品质。蛋白质主要由 20 种氨基酸组成，其中有一些是鸡体内不能合成或合成量很少，不能满足需要的，必须从饲料中摄取的氨基酸，称其为必需氨基酸；还有一些则是鸡体内能够合成，不必从饲料中摄取的，称其为非必需氨基酸。鸡的必需氨基酸有 13 种，即赖氨酸、蛋氨酸、色氨酸、精氨酸、苏氨酸、组氨酸、亮氨酸、异亮氨酸、苯丙氨酸、缬氨酸、甘氨酸、胱氨酸、酪氨酸。其中赖氨酸、蛋氨酸、色氨酸称为限制性氨基酸，由于它们的缺乏，会影响其他氨基酸的吸收和利用，生产上一定要注意供给充足。雏鸡阶段增重快，且增重部分蛋白质含量高，因此对蛋白质的需求量较大。并且蛋白质的质量要高，品质好，即氨基酸种类齐全，必需氨基酸含量高。成年产蛋鸡由于需要补充因产蛋而丢失的大量蛋白质，饲料中的蛋白质含量也要高，特别是在产蛋高峰期。青年鸡的饲料中蛋白质含量可适当降低。

蛋白质的主要来源是蛋白质饲料，包括植物性和动物性蛋白质饲料。植物性蛋白质饲料包括豆类及其加工副产品，常用的有黄豆、黑豆及其饼（粕）、花生仁饼（粕）、棉仁饼（粕）、菜籽饼（粕）、葵花籽饼、芝麻饼等。动物性蛋白质饲料包括海产品、畜产品加工的下脚料及人工养殖的低等动物，常用的有鱼粉、鱼渣、肉粉、肉骨粉、羽毛粉、血粉、蚕蛹、单细胞藻类等。

3. 矿物质　矿物质主要存在于鸡的骨骼和蛋中，血液、酶、体液、羽毛等中也有矿物质存在。鸡需要的主要矿物质元素有钙、磷、钠、氯、硫、镁、钾、铁、铜、锌、锰、碘、钴、硒等。生长期和产蛋期的鸡如果缺乏或过食某种元素，轻者影响生长和生产，重者出现代谢性疾病。因此，一定要适量供给。一般情况下，如果鸡直接接触土壤，除钙、磷、氯、钠以外的其他元素不单独添加也不易缺乏，而笼养、网床饲养或水泥地面饲养时，必须按需要量供给。鸡容易缺乏的矿物质微量元素的作用及其缺乏症见表 6。

表 6　鸡容易缺乏的矿物质微量元素的作用及其缺乏症

名　称	功　能	缺乏症
钙	构成骨骼、蛋壳,参与神经传导、肌肉收缩、血液凝固	骨骼变形、骨质疏松、蛋壳变薄,痉挛、抽搐、血液不易凝固、内脏出血,产蛋量低
磷	构成骨骼、蛋壳与蛋黄,构成磷酸盐、核酸、酶,参与能量供应,是生物膜和体液的成分	骨骼变形,食欲下降,生产力降低,异食癖,蛋壳变脆,产蛋量低,孵化率降低
钠	维持体内酸碱平衡,维持渗透压平衡,参与水代谢,对神经冲动的传导和营养吸收起作用	厌食,啄癖,生长慢,产蛋量低
钾	维持体内酸碱平衡,维持渗透压平衡,参与水代谢和生化反应过程,可促进氨基酸的吸收与合成	肌肉无力
氯	维持体内酸碱平衡,渗透压平衡,参与水代谢,构成胃中的盐酸	食欲降低,营养消化率降低,易受惊吓
铁	存在于血红素中,肌红蛋白和一些酶中有少量存在	鸡患贫血症,鸡冠苍白,毛色变浅,蛋壳色浅
铜	参与红细胞的生成,参与骨骼的形成,参与羽毛色素的形成,与脑细胞的发育有关	贫血,运动失调,易发生骨折或骨畸形,羽毛色泽消退,缺乏光泽,繁殖机能下降
锌	构成机体组织成分,与精液的形成有关,维持上皮及被毛的正常形态,保证鸡的生长和健康	雏鸡食欲不振,生长受阻,腿骨短粗,跗关节肿大,脚上皮肤有大量角质鳞片,成鸡产蛋量下降,蛋壳变薄,种鸡孵出的雏鸡体弱,不能站立,不饮不食,呼吸困难,羽毛生长受阻,有卷羽现象

续表 6

名称	功能	缺乏症
碘	参与甲状腺素的合成，对鸡的繁殖、生长、发育均有影响	雏鸡生长缓慢，羽毛不完整，骨短小；成鸡产蛋量低，软壳蛋增加；种蛋孵化率下降
锰	存在于骨骼、肝脏、肾脏、胰腺、心脏和肌肉中，作为体内酶的成分参与生化反应	关节肿大，骨骼短粗，患“滑腱”症，蛋壳薄脆，种蛋受精率、孵化率低，胚胎畸形、毛短硬或无毛，出壳前 1～2 天死亡
硒	防止过氧化物对细胞脂膜上不饱和脂肪酸的破坏，有助于维生素 E 的吸收和存留，促进脂肪的消化和胆盐微粒形成，对胰脏的组成和功能有重要作用	雏鸡精神沉郁，食欲下降，消化障碍，贫血，脑软化症，母鸡产蛋率和孵化率降低。肌肉苍白——白肌病，皮下渗出组织液，胰脏变小、坏死、纤维化，胸、腿肌肉出血

4. 维生素 维生素虽不构成体组织和体成分，但是在维持机体正常代谢和生命活动中是必不可少的。鸡的饲料中所需要的维生素主要有维生素 A、维生素 D、维生素 E、维生素 K、维生素 C、维生素 B_1、维生素 B_2、泛酸（维生素 B_3）、烟酸（维生素 B_5）、吡醇素（维生素 B_6）、叶酸（维生素 B_{11}）、生物素（维生素 B_7）、胆碱（维生素 B_4）、维生素 B_{12}。其中维生素 A、维生素 D、维生素 E、维生素 K 为脂溶性维生素，它们的吸收和利用需要脂肪的参与，同时能够在体内存留，短期缺乏时不会造成很大影响；其他的为水溶性维生素，它们的吸收利用需要水作为溶剂，在体内存留时间短，饲料中缺乏时很快表现症状，且保存不当时极易失效，应特别注意。主要维生素功能及其缺乏症见表 7。

二、鸡的营养需要与饲养标准

表7　主要维生素功能及其缺乏症

名　称	功　能	缺乏症
维生素A	维持上皮细胞和神经组织正常机能，增进食欲，提高抗病力，保证种蛋受精率、孵化率，促进雏鸡生长	视力下降，眼内分泌大量干酪样物，雏鸡生长缓慢、消瘦，走路不稳，成年鸡产蛋量下降或停滞，种蛋受精率、孵化率降低
维生素D	促进小肠钙结合蛋白合成，促进钙、磷吸收	雏鸡腿呈"O"形或"X"形，患佝偻病，生长缓慢，不愿走动；成鸡易骨折，产蛋率下降，骨骼变形，沙壳蛋、软壳蛋增加；种鸡种蛋合格率降低，胚胎死亡率增加，孵化率降低，初生雏鸡有的颅骨愈合不全
维生素E	保护细胞膜的完整性，促进细胞内呼吸，提高抗毒、抗感染能力，抑制亚硝基化合物形成，防止维生素A、维生素D及不饱和脂肪酸等易氧化物质在代谢中氧化	公鸡精液品质下降；种蛋受精率、孵化率降低；初生雏鸡弱，步态不稳，腿外伸，爪屈曲，颈扭曲，一侧性角弓反张，衰竭死亡。肉用仔鸡胸部皮下有褐色或黑色积液，肌肉白肌纤维增加，小脑软化、出血、水肿
维生素B_1	促进体内碳水化合物和脂肪的代谢	食欲降低，体重减轻，羽毛蓬乱，多发性神经炎，两腿无力，走路不稳，肌肉麻痹，种蛋受精率、孵化率降低，胚胎打嘴不出壳；雏鸡呈"观星"症状，严重缺乏时可致死
维生素B_2	参与机体生物氧化，促进新陈代谢	鸡爪不能伸直，卷趾麻痹；跗关节支撑体重，两腿叉开，不愿意走动，常卧地不起；产蛋鸡产蛋量减少，蛋白稀薄；种蛋受精率降低，死胎增加，胚胎大部分在出壳前死于壳内；雏鸡羽毛缺乏光泽，卷爪

续表 7

名　称	功　能	缺乏症
泛　酸	参与蛋白质、碳水化合物、脂肪的代谢，有“抗皮炎因子”之称	口角、眼睑、鼻孔、泄殖腔有小结痂，趾间、足底皮剥落，行走困难，腿部皮肤增厚，骨短粗，产蛋率、孵化率降低，胚胎和初生雏鸡皮下水肿、出血，口腔有脓性物，腺胃肿大，有灰白色渗出物
维生素 B_6	参与氨基酸代谢，促进氨基酸吸收和蛋白质合成，提高机体免疫力，提高种鸡繁殖机能	雏鸡食欲降低，生长缓慢，性成熟延迟。神经炎症，精神异常兴奋，不随意运动，不断鸣叫、惊厥，胸部着地，脚抬起，头后仰，腿做快速划水动作，产蛋率、孵化率降低，对铁的吸收率降低，贫血，皮炎
维生素 B_{12}	参与核酸及蛋白质的合成，促进红细胞发育与成熟，保护胚胎正常发育，促进雏鸡生长，防止肌胃糜烂	雏鸡生长缓慢，羽毛粗糙，贫血；胚胎出血、水肿，孵化后期死亡；产蛋率、孵化率降低；脂肪变性，雏鸡肌胃糜烂
生物素	促进脂肪、碳水化合物、蛋白质的代谢，参与转移羧化和固定二氧化碳的作用	皮炎，脚底粗糙、起茧、龟裂、出血，喙及眼周围发生皮炎，眼睑肿胀粘连，种蛋受精率、孵化率降低，心肌苍白、柔软，粪便内容物棕黑色或带血
胆　碱	参与脂肪代谢	雏鸡生长受阻，关节肿大，发生曲腱症；成年母鸡形成脂肪肝，产蛋量下降，易肝破裂死亡
维生素 K	促进血凝，参与氧化呼吸	肌肉黏膜出血；血液凝固时间延长

续表 7

名　称	功　能	缺乏症
烟　酸	促进铁的吸收和红细胞生成;保护皮肤的正常生理功能;保证消化腺的分泌功能	皮肤充血、肿胀、脱屑;体重减轻,腹泻,脚趾、喙角干裂
叶　酸	参与红细胞生成及蛋白质代谢	贫血,生长慢,羽毛粗硬。孵化率降低,雏鸡颈部瘫软

5. 水　水的主要作用是参与营养物质的吸收和代谢产物的排出,调节体温,构成血液,形成鸡蛋和鸡肉。当鸡饮水不足时,常出现消化不良,血液黏稠度增加,体温升高,生长减慢,产蛋减少。严重缺水时,如机体缺水 10%时,可引起鸡只死亡。据测定,雏鸡体内约含水 70%,成鸡 50%,鸡蛋中含水 70%。

鸡对水的需求量受生长速度、产蛋量和温度的影响,当室温在 20℃以下时,每只成鸡每天需要水 150～250 毫升,约为耗料量的 1.6 倍;35℃时饮水量为 20℃时的 1.5 倍。产蛋量高时,需水量大。饮水的多少还受饲料、健康等条件的影响。当饲料的含盐量和粗纤维含量高时,鸡的饮水量增加;患有某些疾病时,饮水量发生变化,如患球虫病、传染性法氏囊病时饮水增加。在任何时间都应供给常备不断的清洁饮水。

(二)饲养标准

饲养标准规定了鸡对各种营养物质的需要量。我国于 2004 年重新修订了鸡的饲养标准,详见附录。

营养需要量不是固定不变的,在生产实践中,还应根据具体情况具体对待。一般情况下,不同类型、环境温度、体重、健康水平对营养的需要量有一定差异。如肉鸡对蛋白质的需要量高于蛋鸡;温度高时,蛋白质、钙、磷的需要量也随之升高;体重超标,过于肥胖时，蛋白质、能量的需要都会降低，反之就要增加；患有某些疾病对营养的需要量有变化，患球虫病时，如果喂低蛋白质日粮，死亡率降低。

三、鸡常用饲料的营养特性

鸡的常用饲料按其所含营养物质量的不同分为能量饲料、蛋白质饲料、矿物质饲料、维生素饲料和饲料添加剂等。

(一)能量饲料

凡干物质中蛋白质含量低于20%、粗纤维含量低于18%的饲料都属于能量饲料。鸡的能量饲料主要是谷物饲料，如玉米、高粱、小麦、碎米、稻谷、大麦等。玉米的代谢能约为14兆焦/千克，含蛋白质约8%、脂肪3.5%、纤维素3%、钙0.03%、磷0.25%、灰分1.5%，赖氨酸与色氨酸很少，在配合饲料中所占比例为35%～70%。高粱多为白酒的原料，若作为饲料，因含有单宁喂量不能太高，以占日粮的5%～15%为宜。小麦含能量较高，蛋白质多，氨基酸较其他谷类齐全，B族维生素含量丰富。次粉为制粉厂出来的次等品，蛋白质含量高于小麦，适口性好，价格便宜。小麦和次粉可占日粮的10%～30%。碎米和稻谷均为鸡的良好饲料，在日量中可占10%～20%。大麦的粗纤维含量高，不易消化，宜粉碎或发芽后饲喂。

另一类常用的能量饲料是糠麸类，常用的有小麦麸、米糠等。小麦麸价格便宜，蛋白质、锰和B族维生素含量丰富，但粗纤维含量高，可占雏鸡和成年产蛋鸡日粮的5%～7%，育成鸡可占10%～20%。米糠含脂肪高，特性与用量同麸皮。

(二)蛋白质饲料

包括植物性蛋白质饲料和动物性蛋白质饲料。植物性蛋白质饲料主要有大豆饼(粕)、花生饼(粕)、棉仁饼(粕)、菜籽饼(粕)、芝麻饼等;动物性蛋白质饲料主要包括鱼粉、肉骨粉、血粉、羽毛粉、蚕蛹粉等。

1. 大豆饼(粕) 蛋白质含量较高,为42%~47%,赖氨酸含量为2.9%,并富含核黄素和烟酸,营养价值较高。大豆饼与含赖氨酸较低的玉米、高粱配合使用,可大大提高饲粮中蛋白质的消化率。但生豆饼中含有胰蛋白酶抑制素、红细胞凝集素和皂角素,前者妨碍蛋白质的消化和利用,后两者有毒害作用。因此,豆饼不能生喂。一般熟豆饼可占日粮的10%~30%。

2. 花生饼(粕) 含蛋白质在40%以上,精氨酸含量很高,含硫氨基酸1%~1.2%,赖氨酸1.7%左右,适口性较好。但花生饼在潮热的环境下容易感染黄曲霉菌,其分泌的黄曲霉毒素对鸡有害。另外,花生若脱壳不彻底,添加量大后会增加饲料的粗纤维含量,应特别注意。花生仁饼一般可占日粮的15%~20%。

3. 棉籽饼(粕) 含蛋白质约40%,含硫氨基酸、赖氨酸与花生饼相近。但棉仁中含有游离棉酚,若喂量过大,会影响蛋的品质,降低种蛋的受精率和孵化率。同时,粗纤维含量较高。一般饲粮中不超过6%。棉籽饼经20~30分钟的蒸煮后或在棉仁饼中加入等量铁离子的硫酸亚铁,可达到脱毒的目的。

4. 菜籽饼(粕) 含蛋白质36%,含硫氨基酸和赖氨酸的含量与花生饼差不多,蛋白质的质量与棉仁饼相似,但生菜籽饼中含有芥子毒素,经加热处理后方能去毒。一般菜籽饼占日粮的5%左右。

5. 芝麻饼 含蛋白质42%以上,含硫氨基酸2.08%,赖氨酸1.37%,在饲粮中加入5%左右,可降低饲料成本,提高蛋白质的利用率。但添加量过大，因其有一种苦涩味，使适口性降低。

6. 鱼粉　含蛋白质45%～65%，氨基酸含量丰富而完善，蛋白质的生物学价值高，富含维生素和矿物质，是理想的蛋白质补充料。进口鱼粉粗蛋白质含量都在50%以上，且含盐量低；国产鱼粉粗蛋白质含量在35%～55%不等，有的含盐量高达15%，添加时一定注意。一般鱼粉占饲粮的1%～6%。

7. 肉骨粉　由不适宜食用的畜禽骨骼、肌肉、内脏和其他废弃物加工而成。其营养成分的含量因原料的不同而有差异。一般含粗蛋白质40%～65%、粗脂肪8%～15%、钙6%、磷3%，蛋氨酸和胱氨酸偏低，一般与植物性蛋白质饲料混合使用。

8. 血粉和羽毛粉　粗蛋白质含量均在80%左右。血粉缺乏异亮氨酸，羽毛粉蛋氨酸和赖氨酸的含量相对较少，氨基酸极不平衡，生物学价值较低。一般占日粮的3%左右。

9. 其他动物性蛋白质饲料　蚕蛹、黄粉虫、河蚌、小杂鱼及一些肉类加工副产品。蛋白质含量很高，各种氨基酸比例适当，营养价值较高，在有条件的地区可在饲料中适当加入。

（三）矿物质饲料

矿物质饲料是一种营养较为专一的饲料。常用的有石粉、贝壳粉、蛋壳粉、磷酸氢钙、骨粉、食盐等。

1. 石粉　为天然的碳酸钙，含钙35%左右，是廉价的钙源，雏鸡饲料中可加入1%，成鸡饲料中可加入2%～8%。使用时应注意其中的铅、汞、砷和氟的含量不能超过安全系数。

2. 贝壳粉　主要由海、湖产的贝类加工而成，含钙38%，喂鸡后钙的吸收率较高。一般占日粮的2%～8%。

3. 蛋壳粉　经清洗、烘干、消毒后粉碎的蛋壳，含钙量为38%，也是良好的钙质饲料，可与石粉和贝壳粉配合使用。

以上介绍的几种矿物质补充料主要作为钙源补充。

4. 磷酸氢钙 含钙约21%，含磷约18.5%，可同时补充钙和磷。

5. 骨粉 动物骨骼经高温、高压、脱脂、粉碎后即成。骨粉含钙26%，含磷12.6%，饲料中加入后可同时补充钙和磷。一般饲料中加入1%～3%。

6. 食盐 主要成分为氯化钠，在鸡饲料中加入0.3%～0.4%，在喂咸鱼粉时应适当减量，防止食盐中毒。

鸡所需要的其他矿物质元素可通过其盐或复合添加剂的形式加入。

（四）维生素饲料

鸡用的维生素饲料主要是一些青绿饲料及其干制后的产品，以补充维生素A、B族维生素、维生素E等，常用的有胡萝卜、苜蓿粉、槐叶粉等。新鲜青绿饲料的适口性好，但含水多，用量不能超过30%。喂青绿饲料需洗净切碎，劳动强度大，一般在饲养量小时可使用。干制后的青绿饲料含有较高的粗纤维，一般在日粮中占1%～5%。

常用饲料主要营养成分及营养价值见附录。

（五）饲料添加剂

根据饲料添加剂的作用效果的不同，将其分为维生素添加剂、微量元素添加剂、驱虫剂和防腐剂等。

1. 维生素添加剂 用来补充饲料中维生素的不足，常用的有单一的维生素添加剂，也有复合维生素添加剂。如单一的有维生素B_1、维生素B_2、维生素B_6、维生素B_{12}、维生素E、维生素K、维生素C、维生素AD_3、胆碱等；复合的有泰德维他、牧乐维他、速补和一些其他的复合维生素添加剂，主要含有维生素A、维生素D_3、维生素E、维生素K、维生素B_1、维生素B_2、泛酸、烟酸、维生素B_6、维

生素 B_{12}、生物素、叶酸等。

2. 微量元素添加剂　主要补充饲料中微量矿物质元素的不足。有用其盐类单独补充的，也有复合添加的。单一的有硫酸亚铁、硫酸铜、硫酸锰、硫酸锌、氧化锌、碘化钾、亚硒酸钠、硒酸钠等。复合的主要含铁、锰、锌、铜、碘、硒、镁、钾、硫、钴、钼等。

3. 氨基酸添加剂　为弥补饲料中某些限制性氨基酸的不足，提高蛋白质的生物学价值，减少饲料浪费，根据需要，需在饲料中加入某种限制性氨基酸。现常用的有蛋氨酸、赖氨酸、色氨酸等添加剂。

4. 酶制剂　饲料中添加酶的主要目的是最大限度地利用饲料资源，提高饲料利用率，促进营养物质的消化和吸收，减少动物体内矿物质的排泄量，从而减轻对环境的污染。常用于养鸡上的酶制剂有：木聚糖酶、β-葡聚糖酶、α-淀粉酶、蛋白质酶、纤维素酶、脂肪酶、果胶酶、植酸酶、复合酶等。

5. 驱虫剂　主要用于驱除鸡体内的球虫和蛔虫。驱球虫药有球痢灵、球安、加福、盐霉素等，在饲养肉用仔鸡时，因考虑到药物残留等问题，有些药物禁止使用；驱蛔虫药有阿维菌素、伊维菌素、左旋咪唑等。

6. 防腐剂　为防止饲料发霉和不饱和脂肪酸的氧化，常加入一些防霉剂和抗氧化剂。抗氧化剂有：二丁基羟基甲苯(BHT)、丁基羟基茴香醚(BHA)、乙氧喹啉；防霉剂有丙酸、丙酸钠、丙酸钙、山梨酸等。

(六)防止饲料浪费

饲料成本占养鸡成本的 70%以上，减少饲料浪费，是增加经济效益的重要措施之一。为减少饲料浪费通常应采取以下措施。

1. 料槽(桶)的高度要适宜　一般要求料槽(桶)边缘高度以高出鸡背 2 厘米为适。

2. 饲喂量要适中 料槽加料量不超过深度的1/3，料桶不超过1/2。

3. 饲料颗粒大小适中 成鸡饲料颗粒直径在0.4～0.5厘米。

4. 正确断喙 可减少饲料浪费3%。

5. 防鼠、防鸟等 1只老鼠年耗料9～11千克饲料；鸟类既可传播疾病，又可造成饲料的浪费。因此，鸡场要做好防鼠和防鸟工作。

6. 环境温度适宜 适宜的环境温度下，鸡群的饲料报酬最高，低温和高温条件下生产性能均较低，且饲料报酬降低。

7. 营养平衡 日粮营养水平全价平衡，可保证饲料营养最大限度的消化吸收，而某种营养成分的过高或过低都会造成饲料的浪费，饲料消耗的增加，有时还会导致营养代谢疾病。同时，应妥善保管饲料，防止霉变。

四、鸡的全价配合饲料的配制及典型饲料配方

(一)配合饲料的配制

配制配合饲料的目的是利用多种饲料原料，为鸡搭配一个能满足正常生长发育和采食特点，发挥最大生产潜力的饲粮。要求配方适应本地饲料资源、成本最优、效益最好。

1. 配合饲料时应遵循的原则

(1)营养性 配合饲料时必须以饲养标准为依据，因为饲养标准是根据大量饲养实践总结出的科学参考值。在考虑单一营养满足需求的同时，还应考虑各营养素间的相互关系，保证营养间的平衡。同时，饲料种类要多(能量、蛋白质饲料均在2～3种以上)，以

发挥营养之间的互补作用。

(2)安全性 所使用的饲料原料,包括添加剂,必须安全可靠,严格按照国家规定执行。饲料的品质要好,适口性要强,不要有特殊的异味,不用发霉变质的饲料。

(3)实用性 根据鸡的生长阶段、生理特点、生产性能和当地的自然条件,合理选择饲料原料,尽量选择价格较便宜的饲料,降低饲料成本。

(4)稳定性 配合好的饲料要具有相对的稳定性,不要轻易地改换和变动,以防因消化道不适引起消化不良。若必须改动时,应逐渐改变。

2. 配合饲料时应考虑的营养成分 主要有能量、蛋白质(包括氨基酸)、维生素、矿物质(常量与微量)和食盐等,其需要量见附录。为了满足营养需要,各类饲料的大致用量为:谷物饲料(2～3种)45%～70%,糠麸类1%～10%,植物性蛋白质饲料15%～25%,动物性蛋白质饲料2%～5%,矿物质饲料5%～8%,微量元素、维生素、氨基酸等添加剂1%,干草类2%～5%,动、植物油1%～2%。

3. 配合饲料的配方设计 配合饲料的配方设计方法有多种,但试差法仍然是大家公认的一种操作简便,易于掌握的方法。其操作步骤为:①根据日龄、生产阶段及生理特点,确定饲养标准;②根据自然资源选择饲料原料,并确定各种饲料的大致用量;③根据营养成分表计算营养成分含量;④将计算结果积加起来,与标准比较,若不适应再进行调整,直至接近。

经调整后的饲料配方必须经过饲养实践后才能证明其可行性。

4. 饲料配方设计举例

例:用玉米、麸皮、豆粕、鱼粉、骨粉、石粉、食盐等原料为产蛋高峰期蛋鸡设计一个饲料配方。具体步骤如下。

第一步，确定饲养标准。根据我国 2004 年蛋鸡饲养标准规定，蛋鸡产蛋高峰期的主要营养需求量见表 8。

表 8 产蛋高峰期蛋鸡的主要营养标准

项 目	代谢能（兆焦/千克）	粗蛋白质（%）	钙（%）	总 磷（%）	赖氨酸（%）	蛋+胱氨酸（%）
含 量	11.29	16.5	3.5	0.6	0.75	0.65

注：实际设计配方时，考虑的营养种类很多，上表只列几种，以便于计算

第二步，依据营养价值表或实测获得饲料养分含量见表 9。

表 9 各种原料营养成分

饲料名称	粗蛋白质（%）	代谢能（兆焦/千克）	钙（%）	总 磷（%）	赖氨酸（%）	蛋氨酸+胱氨酸（%）
玉 米	8.7	13.34	0.02	0.27	0.24	0.38
麸 皮	15.70	6.82	0.11	0.92	0.58	0.39
豆 粕	47.9	10.04	0.34	0.65	2.87	1.40
鱼 粉	62.5	12.18	3.96	3.05	4.01	1.66
骨 粉			29.8	12.5		
石 粉			38			

第三步，初步确定各种饲料的大致用量，并根据营养成分表计算营养成分含量见表 10。

表 10 饲料中营养成分的计算

饲料名称	配 比	代谢能（兆焦/千克）	粗蛋白质（%）	钙（%）	总 磷（%）	赖氨酸（%）	蛋＋胱氨酸（%）
玉 米	66.5	0.665×13.34＝8.8711	0.665×8.7＝5.7855	0.665×0.02＝0.0133	0.665×0.27＝0.17955	0.665×0.75＝0.49875	0.665×0.65＝0.43225
麸 皮	1.0	0.01×6.82＝0.0682	0.01×15.7＝0.157	0.01×0.11＝0.0011	0.01×0.92＝0.0092	0.01×0.58＝0.0058	0.01×0.39＝0.0039
豆 粕	19	0.19×10.04＝1.9076	0.19×47.9＝9.101	0.19×0.34＝0.0646	0.19×0.65＝0.1235	0.19×2.87＝0.5453	0.19×1.40＝0.266
鱼 粉	3.2	0.032×12.18＝0.4096	0.032×62.5＝2.0	0.032×3.96＝0.12672	0.032×3.05＝0.0976	0.032×4.01＝0.12832	0.032×1.66＝0.05312
骨 粉	2.0			0.020×29.8＝0.596	0.020×12.5＝0.25		
石 粉	7.0			0.07×38＝2.66			

续表 10

饲料名称	配　比	代谢能（兆焦/千克）	粗蛋白质（%）	钙（%）	总　磷（%）	赖氨酸（%）	蛋＋胱氨酸（%）
食　盐	0.3						
预混料	1.0						
合　计	100	11.2565	17.0435	3.46172	0.66015	1.17817	1.23335
标　准		11.5	16.5	3.5	0.60	0.75	0.65
比　较		－0.244	＋0.5	－0.03828	＋0.06	＋0.42817	＋0.58335

第四步，调整配方中能量、蛋白质水平。

由上表可见，该配方的能量偏低，而蛋白质偏高，需要进行能量、蛋白质的调整。方法是降低配方中一种饲料原料的比例，同时增加另一饲料原料的含量，二者增减数相同，即用一定比例的一种饲料原料替代另一种饲料原料。计算时，先求出每替代1%时，饲粮能量和蛋白质的改变程度，然后结合初配方中求出的营养含量与标准值的差值，计算出应该替代的百分数。

上述初配日粮的营养水平计算后与标准比较，能量稍低于标准（0.244兆焦/千克），而粗蛋白质含量高于标准（0.5%），可用能量稍高而蛋白质较低的玉米替代部分能量较低而蛋白质较高的豆粕，豆粕蛋白质含量为47.9%，玉米蛋白质含量为8.7%，每代替1%，蛋白质减少0.392%，而能量提高（13.34－10.04）×0.01＝0.03兆焦/千克，减少1.2%豆粕用玉米代替。调整后的结果见表11。

第五步，调整钙、磷、食盐、氨基酸含量，添加微量元素、维生素。

如果钙、磷不足，可用常量矿物质添加，如石粉、骨粉、磷酸氢钙等。食盐不足部分使用食盐补充，由上表可见，磷含量以能满足需要，钙略显不足，用1%的石粉替代等量骨粉。微量元素和维生素添加可使用蛋鸡专用饲料添加剂（或预混料）补充，食盐不足使用外加补充。

最后得出产蛋高峰期蛋鸡的饲料配方见表12。

表 11　调整后的饲料配方

饲料名称	配　比	代谢能（兆焦/千克）	粗蛋白质（%）	钙（%）	总　磷（%）	赖氨酸（%）	蛋＋胱氨酸（%）
玉　米	67.7	0.677×13.34 =9.03118	0.677×8.7 =5.8899	0.677×0.02 =0.01354	0.677×0.27 =0.18279	0.677×0.75 =0.50775	0.677×0.65 =0.44005
麸　皮	1.0	0.01×6.82 =0.0682	0.01×15.7 =0.157	0.01×0.11 =0.0011	0.01×0.92 =0.0092	0.01×0.58 =0.0058	0.01×0.39 =0.0039
豆　粕	17.8	0.178×10.04 =1.78712	0.178×47.9 =8.5262	0.178×0.34 =0.06052	0.178×0.65 =0.1157	0.178×2.87 =0.51086	0.178×1.40 =0.2492
鱼　粉	3.2	0.032×12.18 =0.4096	0.032×62.5 =2.0	0.032×3.96 =0.12672	0.032×3.05 =0.0976	0.032×4.01 =0.12832	0.032×1.66 =0.05312
骨　粉	1.0			0.010×29.8 =0.298	0.010×12.5 =0.125		
石　粉	8.0			0.08×38 =3.04			

续表 11

饲料名称	配　比	代谢能（兆焦/千克）	粗蛋白质（%）	钙（%）	总　磷（%）	赖氨酸（%）	蛋＋胱氨酸（%）
食　盐	0.3						
预混料	1.0						
合　计	100	11.2961	16.5731	3.53988	0.66015	1.15273	0.74627
标　准		11.5	16.5	3.5	0.60	0.75	0.65
比　较		－0.2039	＋0.0731	－0.03988	＋0.06	＋0.40273	＋0.09627

注：预混料中按照该阶段鸡的需求供给维生素、微量元素，以及必要的酶制剂、防霉防腐剂等

表 12　产蛋鸡饲料配方及主要营养指标

饲料名称	配　比	营养名称	营养水平
玉　米	67.7	代谢能(兆焦/千克)	11.29
麸　皮	1.0	粗蛋白质(%)	16.57
豆　粕	17.8	钙(%)	3.54
鱼　粉	3.2	总磷(%)	0.66
骨　粉	1.0	赖氨酸(%)	1.15
石　粉	8.0	蛋+胱氨酸(%)	0.74
食　盐	0.3		
预混料	1.0		
合　计	100		

微机配合是将专门的配合饲料软件装入微机，把各种饲料中所含的营养成分和单价输入计算机内贮存，再输饲养标准要求的各种营养素的需求量，可得一成本最低、满足营养需要的饲料配方。这种方法运算速度快，有畜牧专业知识的人员稍加训练便能掌握。

(二)鸡的典型饲料配方举例

1. 蛋用型鸡的典型饲料配方　表 13 至表 16 列出了不同阶段蛋鸡的典型饲料配方，仅供参考。

表 13　0～6 周龄育雏期蛋鸡饲料配方举例　(%)

饲料名称	配方 1	配方 2
玉　米	62.3	64.7
麸　皮	4.8	2.9

续表 13

饲料名称	配方 1	配方 2
大豆粕	24.6	26.9
棉籽粕	1.5	
菜籽粕	1.5	
鱼　粉	2.0	2.3
磷酸氢钙	1.4	1.4
石　粉	0.7	
贝壳粉		0.6
食　盐	0.3	0.3
预混料	0.9	0.9

注：预混料中含有雏鸡所需的维生素、微量元素、部分氨基酸、酶制剂等

表 14　7～20 周龄育成蛋鸡饲料配方举例　（%）

饲料名称	配方 1	配方 2
黄玉米	62	60
大豆粕	10	8
花生仁粕		2
棉籽粕	5	4
鱼　粉	1	1
麸　皮	17.5	19.5
槐叶粉	1	2
骨　粉	2	2
贝壳粉	0.5	0.5

续表 14

饲料名称	配方 1	配方 2
食　盐	0.35	0.35
预混料	0.65	0.65

注:预混料中含有育成鸡所需的维生素、微量元素、部分氨基酸、酶制剂等

育成期为锻炼其消化机能,提高饲料消化率,要经常喂沙砾,可拌入料中,每周每百只鸡给不溶性砂子 500 克;也可单独撒于饲槽内,每周 1 次,沙砾的大小以可通过 3 毫米筛孔直径为宜。

表 15　产蛋鸡饲料配方举例　(%)

饲料名称	配方 1 (高峰期)	配方 2 (高峰期)	配方 3 (75%~85%)	配方 4 (75%~85%)	配方 5 (65%~75%)
黄玉米	57.116	56.405	58.306	59.5	62.00
麸　皮	3.19		3.76	2.9	5.14
熟豆饼	24.72	32.4	23.31	23.6	18.91
鱼　粉	5.00		4.00	4.49	3.00
石　粉	7.33	7.52	7.90	6.0	8.50
骨　粉	2.14	3.13	2.21	3.00	1.96
蛋氨酸	0.154	0.195	0.154	0.15	0.134
食　盐	0.35	0.35	0.36	0.36	0.36

注:1. 配方中的维生素、微量元素按需要加入复合维生素、微量元素添加剂

2. 配方 1、配方 2、配方 3、配方 5 来源于杨宁《现代养鸡生产》,1994

当鸡的产蛋率变化是按标准进行时,可按上述配方搭配饲料,但是偏离标准曲线太远,应以产蛋率的高低为依据,选择配方。

表 16　450 日龄以后蛋鸡的饲料配方举例　（%）

饲料名称	配方 1	配方 2	配方 3	配方 4
黄玉米	61.7	61.86	61.69	60.6
麸　皮	8.9	3.48	1.87	5.1
熟豆饼	17.8	20.63	24.07	19
鱼　粉	1.0	2.00		4
石　粉	7.3	8.43	8.28	
骨　粉	2.4	2.20	2.67	2.0
蛋氨酸		0.14	0.16	0.06
食　盐	0.3	0.36	0.36	0.34
贝壳粉				8.0
预混料	0.9	0.9	0.9	0.9

注：预混料中含有产蛋后期蛋鸡所需的维生素、微量元素、酶制剂等

进入产蛋期的耗料量因品种略有差异，一般在 100～125 克/天。

2. 肉用型鸡的典型饲料配方以及体重、耗料量　表 17 至表 18 列出了肉用型鸡的典型饲料配方以及体重及耗料量，仅供参考。

表 17　肉用仔鸡饲料配方　（%）

饲料名称	0～4 周龄	0～4 周龄	5～8 周龄	5～8 周龄
玉　米	35.2	60	66.7	51.2
小　麦	26			16
麸　皮	7	9		1
豆　粕	15	18	16.5	18

续表 17

饲料名称	0～4 周龄	0～4 周龄	5～8 周龄	5～8 周龄
棉籽饼	5		4	3
菜籽饼	2			2
鱼　粉	7	11	10	6
骨　粉	1		1	
石　粉	0.5	0.8	0.5	0.5
磷酸氢钙				1
食　盐	0.3	0.2	0.3	0.3
预混料	1	1	1	1

注：预混料中含有肉仔鸡所需的维生素、微量元素、氨基酸、酶类等添加剂

表 18　罗斯 308 商品肉鸡的体重及饲料转化率

周　龄	公母混养		公　鸡		母　鸡	
	体重（克）	饲料转化率	体重（克）	饲料转化率	体重（克）	饲料转化率
0	42		42		42	
1	182	0.885	184	0.880	180	0.889
2	455	1.149	471	1.151	439	1.148
3	874	1.315	920	1.308	828	1.322
4	1412	1.462	1505	1.442	1318	1.487
5	2021	1.607	2173	1.572	1869	1.648
6	2652	1.751	2867	1.701	2436	1.811
7	3264	1.895	3541	1.830	2986	1.973
8	3828	2.039	4162	1.958	3493	2.135

注：资料来源北京大风家禽育种有限公司

(三)饲喂方法

1. 饲料形状　鸡常用的饲料形状有粉料、破碎料、颗粒饲料和粒料。不同饲料形状适合于不同的鸡种或不同阶段。

(1)粉料　把饲料原料粉碎成大小比较一致的颗粒,然后按一定比例混合均匀的一种料型,细度大约在 0.25 毫米以上。这种料型生产设备及工艺较简单,耗电少,加工成本低,养分含量均匀,品质稳定,便于饲喂,安全而可靠。另外,粉料吃得慢,采食时间长,所有的家禽都能均匀地吃食,且不易引起过肥。缺点是由于粒度不一致,容易引起家禽挑食,且因粉尘飞扬造成浪费和环境的污染。在运输、饲喂、采食过程中易产生分级现象。若粉碎太细使适口性降低。粉料适合饲喂蛋用型及肉用型的育成及产蛋鸡。

(2)破碎料　用机械方法将大的颗粒料经破碎加工成细度为 2～4 毫米的碎粒饲料。其特点与颗粒饲料相同,采食碎粒料可适当限制进食速度,不至于因采食过多而过肥,特别适用于雏禽。破碎料适合饲喂育雏期的蛋用雏鸡以及 2 周龄前的肉仔鸡,肉用种鸡也可饲喂破碎料。

(3)颗粒饲料　把混合均匀的粉状饲料,经过蒸汽、加压处理而制成的颗粒状饲料,其形状有圆柱状和角状。这种饲料营养密度大、体积小、养分分布均匀、适口性好、采食快、避免挑食、防止浪费。颗粒饲料适合饲喂商品肉用仔鸡,不适合饲喂种鸡,否则因种鸡采食过多营养而致肥。如果采用限制饲喂,由于采食时间短,易发生啄癖。

(4)粒料　粒料是将农作物籽实或野生植物收获后的种子直接饲喂鸡,如玉米粒、小麦粒、高粱粒、谷子等。这种饲料适口性好,便于采食,在消化道内停留时间长,饲料浪费少,营养浓度高,在短时间可获得大量营养。但是,粒料营养不全面,长期食用,易引起过肥，一般不单独饲喂，往往与其他饲料搭配使用。粒料适合饲喂放牧饲养的鸡，冬季归巢前可适当饲喂粒料，以保证夜间营养的需要。

2. 饲喂方法 饲喂方法应根据鸡的种类、饲料原料、饲养规模、气温高低、饲养习惯而定。目前的饲喂方法按加水与否分为干喂法、湿喂法；按是否分次饲喂分为分次饲喂和自由采食。

（1）干喂法 干喂法就是将加工好的饲料直接加到料槽中，任其采食。采食与饮水分别进行。干喂法不需调制，便于机械化送料，省工省时且饲料不易腐败变质，工厂化养禽全部采用干喂法，目前所饲养的鸡，大部分采用干喂法。干喂法的缺点是适口性差，灰尘较大。

（2）湿喂法 湿喂法是将粉料与切碎的青饲料，加水或鱼虾的汤混合拌湿饲喂，水料比约 2∶1，或以用手捏料指缝间有渗水为度。湿料适口性强，易于采食，但容易变质，必须现喂现拌保持新鲜，防止腐败或冻结，调理时应注意干湿合适，夏季湿一些，冬季干一些。湿喂法费工费时，不便于机械化，但可有效利用自家的农副产品。目前一些放养鸡群采用这种方法。

（3）分次饲喂 喂湿料时多采取分次定量饲喂方法。成年和育成家鸡一般日喂 3～4 次，分次饲喂湿拌料最好晚上喂一次粒料。雏鸡可喂 5～6 次，全部喂湿料，刚出壳的雏鸡可日喂 6～8 次。喂料时间要固定，不要随便改变喂料次数和喂料时间，必须改变时要逐渐改变，以免突然改变造成应激而影响鸡的生长和生产。

（4）自由采食 料槽中任何时候都有饲料，任鸡自由采食。肉仔鸡、产蛋高峰期鸡群、育雏期鸡群多采用自由采食。

思 考 题：

1. 鸡有哪些消化生理特点？
2. 为什么在饲喂鸡时要经常喂沙砾？
3. 日粮中蛋白质不足对鸡有哪些影响？
4. 如何防止饲料浪费？

第六章　高产蛋鸡饲养管理技术

一、健壮雏鸡的培育

(一)雏鸡选购要领

不健康的雏鸡成活率低,育雏效果差,成鸡产蛋能力低;育雏时间不合适,鸡群体重不能达标,到了产蛋期无产蛋高峰,且蛋重小。不同鸡场因饲养管理水平不同,孵化的雏鸡质量也有区别。因此,选购雏鸡应对雏鸡健康状况、出雏时间、被引种鸡场的饲养管理状况以及售后服务等情况综合考虑。

1. 确定被引种鸡场　预订雏鸡应选择饲养管理科学完善、信誉好、品种纯、疾病少的种鸡场,且售后跟踪服务好。

2. 确定进雏时间　密闭式鸡舍,育雏条件能够完全人为控制,全年任何时期育雏都能获得良好的效果,选购时间确定的依据是全年均衡向市场供应鸡蛋,充分利用育雏舍的使用面积。因此,每年可育雏3～4批。开放式鸡舍,鸡舍条件受外界影响较大,选购时间确定的依据是既有利于雏鸡生长又能使产蛋高峰处在季节适宜、蛋价最好的时节。因每年的9月份至翌年的1月份鸡蛋价格较好,因此尽量选择在2～3月份育雏(最晚不能超过5月份),经5个多月的饲养,8～9月份开产,10～11月份进入产蛋高峰期,环境温度适宜,鸡蛋价格好。同时,2～3月份育雏,气候干燥,有利于雏鸡生长发育。

3. 预订雏鸡及签订协议　预订雏鸡的数量应超出预计成鸡数的5%。预订鸡时应有订鸡合同，内容包括供鸡时间、数量，是否接种马立克氏病疫苗、运费、雏鸡鉴别准确率、1周内雏鸡成活率、违约后的处理办法等。

4. 选择健康雏鸡　雏鸡的优劣与种鸡的健康、饲养管理水平、种蛋的选择与保存密切相关。因此，选择的雏鸡必须来源于高产、健康、饲养管理完善的种鸡群。同时，还应羽毛有光泽，大小适中，叫声洪亮，眼睛明亮有神，反应灵敏，腹部大小适中且柔软有弹性，脐带愈合良好，两脚站立稳健，腿色、喙色深。这样的雏鸡将来成活率高。而那些羽毛暗淡，体重过小，两眼紧闭，反应迟钝，腹部过大或有硬块，脐带湿润或带血，卧地不起，腿色、喙色浅的雏鸡，一般育雏率较低，且易传播疾病，应作为被淘汰的对象或单独饲养。有明显缺陷的雏鸡必须淘汰，如瞎眼、颅骨愈合不全、卵黄未全部吸收、腿脚残疾等。

5. 运输雏鸡　装运雏鸡有专用的雏鸡盒，运输雏鸡的车辆应注意夏季防暑、冬季防寒，且通风好，运输途中行走平稳，防止剧烈颠簸，尤其应注意通风换气，雏鸡盒一般以不超过5层为宜。夏季早晚、冬季中午行驶，最好24小时内到达目的地。

（二）雏鸡的培育

雏鸡指的是0～6周龄的鸡。雏鸡的培育是整个养鸡过程的基础，雏鸡培育的优劣直接影响到成鸡的生产性能，且雏鸡的抗寒能力差，消化机能不健全，抗病力低，生长速度快，更需要加强饲养管理。

1. 育雏前的准备　育雏前的准备不充分，如育雏舍、用具及设备没进行消毒，就会导致疾病的循环感染；设备及用具数量不足，就会导致密度过大或部分雏鸡不能及时获得饮水和饲料；雏鸡进入前温度达不到要求，就会影响到正常的运动、采食、饮水，严重时会造成挤压死亡；饲料准备不足，雏鸡不能及时获得营养；药品、疫苗准备不足，发生疾病后，就不能得到及时有效的控制。因此，育雏前应做好一系列的准备工作。

(1)选择育雏方式　育雏方式不当，鸡群发病率高，劳动强度大，育雏效果差；不同的育雏方式投资也不同。因此，育雏方式的选择应考虑满足雏鸡的生理特点，有利于鸡群健康，便于操作管理，经济实惠等因素。目前，培育雏鸡的方式大致分为平面育雏和立体笼育两种。

①平面育雏　平面育雏包括地面垫料或网床育雏两种。地面垫料育雏是在地面铺垫约 10 厘米厚的柔软垫料，将料槽和饮水器置于垫料上，取暖可用暖气、火炉、红外线灯、育雏伞等。雏鸡在垫料上活动和休息，待育雏结束后，将雏鸡转群，再将垫料全部清理出去；网床育雏是将铁丝网或竹网（或竹条）、木网架高 50～60 厘米，网孔大小为 1.25 厘米×1.25 厘米（竹条或木条间隙为 1.25 厘米），料槽、水槽（或饮水器）在网上，取暖的方式与垫料平育基本相同，雏鸡在网上活动和休息。

平面育雏成本低，空气好，雏鸡患呼吸道疾病的机会较少，地面平育啄癖的发生率较低。但饲养密度小，占地面积大，垫料饲养时因雏鸡与地面接触，感染消化道疾病的机会较多，劳动强度大。这种育雏方式适合小规模鸡场或散养鸡群。

②立体笼育　立体笼育多采用 3～5 层育雏笼，可自制或购买。如北京一家鸡笼厂生产的 9YCH 四层育雏笼，由 6 组笼组成一套，每组大致尺寸是：每层高度约 333 毫米，每笼面积 700 毫米×1 400 毫米，层与层间有 700 毫米×700 毫米的承粪板，全笼总高度为 1 720 毫米。整个笼占地 6 平方米左右，可饲养 40 日龄雏鸡 800～1 200 只。目前有些鸡场用阶梯式育雏笼，以减少清粪次数，并且舍内空气也较好。

立体笼育雏鸡的饲养密度大，便于管理，劳动强度低，因雏鸡不与粪便直接接触，消化道疾病少，但因密度大，呼吸道疾病较多，一次性投入较大，适合于大规模的养鸡场。

不同的育雏方式有其各自的特点，适合于不同类型的养鸡场，在选择时，应根据具体情况而定。

(2)消毒　将育雏舍彻底清扫，去除育雏笼上的粪便及污物，之后用高压水枪喷刷。待地面及墙壁干燥后，用8%～10%石灰水粉刷墙壁及屋顶，地面用1%～2%的火碱水浸泡2～4小时后用清水冲洗干净。料槽及饮水器用0.1%高锰酸钾水洗刷消毒后，用清水冲净，晾干。最后，料槽、饮水器、鸡笼和育雏舍一同用福尔马林熏蒸24小时(用药量为高锰酸钾21克、福尔马林42毫升)。之后将门窗或排风扇全部打开，为防止鸡舍有残留气体伤害雏鸡，一般经5～7天待气体排完后关闭门窗。

(3)预热与试温　雏鸡入舍24小时之前，将育雏舍内的所有条件调到育雏第一周所需要的标准，尤其是温度，待条件恒定后可以进鸡。

(4)备足料槽、饮水器　料槽的主要形式有船式长料槽和吊桶式料槽，6周龄以前的雏鸡每只槽位不少于2.5厘米。饮水器的形式有多种，主要有“V”字形水槽、乳头式饮水器、钟式饮水器和杯式饮水器。6周龄前的雏鸡每个乳头式饮水器、钟式饮水器和杯式饮水器分别可供15只、50只、15只雏鸡使用；若为水槽，则每只雏鸡的水槽位置不少于1.25厘米。根据上述指标，在育雏前将料槽、饮水器准备充足。另外，在育雏的前7～10天多在料盘或塑料布上饲喂，这些物品也应备足。

(5)准备饲料、药品、疫苗

①饲料　6周龄前每只雏鸡耗料1～1.2千克，进鸡前应准备充足。

②药品及疫苗　6周龄前的雏鸡容易患鸡白痢、球虫病、传染性法氏囊病、气管炎、感冒等疾病；同时，有很多疫苗需要接种。因

此，该阶段应备好常用的药品及疫苗，如诺氟沙星、恩诺沙星、环丙沙星、土霉素、青霉素、链霉素、庆大霉素及一些磺胺类药物。常用的疫苗有新城疫苗、禽流感疫苗、传染性支气管炎疫苗、传染性喉气管炎疫苗、传染性法氏囊病疫苗、鸡痘疫苗等。并注意保存环境的温度、湿度、光线和时间。

2. 雏鸡培育关键技术

雏鸡培育的关键技术是严格控制育雏条件，加强营养，科学管理。

(1)严格控制育雏条件　影响雏鸡生长发育的环境条件主要包括温度、湿度、空气、密度、光照等。多数养鸡场在培育雏鸡时，只注意温度，而忽略了其他条件的控制，结果仍然不能获得理想的育雏效果。因此，育雏条件中的任何一方面都不能忽视。

①温度　培育雏鸡较适宜的温度(即雏鸡活动区域，离地面或网面 5 厘米处)。第一周为 35℃～32℃，以后每周下降 2℃～3℃，直至 6 周龄达到 18℃～20℃。要求夜间较白天高 1℃，阴雨天较晴天高 1℃，5～7 周龄开始离温。离温要逐渐进行，开始白天离晚上不离；晴天离，阴天不离，最后达到彻底离温。

育雏期温度过高时，雏鸡两翅张开，张口喘气，饮水量增加，采食量减少，呼吸加快，运动量减少。长时间的高温，雏鸡软弱、消瘦，易患感冒、呼吸道等病；温度过低，雏鸡活动量降低，易患消化道疾病(如白痢等)；严重低温时，常因大量扎堆而造成挤压死亡。雏鸡在笼内均匀分布，活动正常，采食与饮水适中时，则表示温度适宜。

育雏舍加(升)温的方式有热风炉、电炉、火炉、煤油灯、热水管、火炕等多种。采用火炉、煤油灯、燃气供暖时，要防止一氧化碳(煤气)中毒；用火炕育雏时，炕面不应有裂缝，防止烟熏使雏鸡窒息或漏火将雏鸡烧死。保证育雏舍内不同部位有一定的温差，以便雏鸡根据自己的需要自由选择。

②湿度　适宜的湿度范围为50%～65%。前10天60%～65%，以后50%～55%。温度不适宜时，湿度过高，对雏鸡生长发育的影响最大。高温高湿，雏鸡因散热困难而感到闷热，食欲降低，生长缓慢，体质虚弱，抗病力下降，细菌及其他微生物大量繁殖，增加了雏鸡感染疾病的机会，此时应注意通风换气。低温高湿，雏鸡因散热过多而感到寒冷，育雏舍阴冷潮湿，雏鸡易患感冒和胃肠道疾病，此时应注意升温。同时，应加大通风量，以散失多余的水分。

育雏的前10天容易造成湿度过低，若雏鸡不能及时得到水分的补充，会使机体大量失水，腹内卵黄吸收不良，有硬块存留，有时还会使鸡舍灰尘飞扬，易引起呼吸道疾病。此时可在火炉上放一水盆或水桶以蒸发水分，或者在地面、墙壁上喷水。育雏后期易出现湿度过大现象，应加大通风量，减小鸡舍密度，尽量减少漏水，饲料中食盐的含量应适中。

③通风　通风的目的是保证育雏舍内空气新鲜，及时排除二氧化碳及其他有害气体，增加氧气的含量。在27℃条件下，0～6周龄的雏鸡每千克体重需要5.6米^3/时的通风量。要保证育雏舍内硫化氢的浓度不超过10×10^{-6}，氨气不超过20×10^{-6}，二氧化碳不超过0.15%。一般情况下人进入育雏舍感觉无强烈刺激气味即可。

如果通风不良，有害气体浓度过高，雏鸡往往生长发育不良，容易患眼病、支原体病、传染性支气管炎、鼻炎等呼吸道疾病，对鸡新城疫的敏感性增强。

为了保证空气新鲜，育雏舍应有排风装置。一般在山墙上安装排风扇，根据舍内的空气和温度，确定开关的时间和风扇数。对小型养鸡场，一般通过启闭门窗可达到通风换气的目的。

④密度　不同育雏方式、不同阶段密度不同。立体笼育雏鸡适宜密度为：1～2周龄60只/米^2，3～4周龄40只/米^2，5～6周龄

30 只/米²。平面育雏密度减半。密度过大时,因每只雏鸡不能得到同样的采食和饮水机会,造成雏鸡生长发育不整齐,体重悬殊,经常强抢弱食,弱者因抵抗力下降而易感染疾病,并很快在全群传播,轻者生长发育受阻,重者引起死亡。密度大时啄癖现象严重。密度小有利于雏鸡的生长发育,但因占地面积大而使成本增加,不经济。

⑤光照　育雏的前 3～5 天为了让雏鸡充分熟悉环境,认识采食和饮水的位置,多采用全光照或每天 23 小时光照,光线较强。以后白天用自然光,晚上除饲喂时开灯外,其他时间不照明。密闭式鸡舍每天给予 8 小时的光照至 20 周龄。

(2)及时饮水　雏鸡进入育雏舍后应迅速补水,防止脱水。接雏前 3～4 小时,饲养员已将水烧开,待雏鸡进入时,饮水器内的水温与舍温接近,雏鸡便可饮用。饮水中可加入 5%葡萄糖电解多维、速补、电解质、0.01%高锰酸钾等,以补充体液与肠道消毒。1 周内饮开水,1 周后可饮自来水。水要清洁,常备不断。每次换水前要把饮水器洗刷 1 遍,每天用高锰酸钾水消毒 1 次。正常情况下雏鸡的饮水量为采食量的 2 倍,但当温度高,密度大,饲料含盐量高时雏鸡的饮水量增加,患有某些疾病时饮水量也会发生变化。

(3)适时开食与饲喂　雏鸡获取食物的时间越早、越及时就越健壮。雏鸡消化道容积小,消化功能尚不健全,因此饲喂雏鸡的饲料品质要好,营养完善,适口性强,容易消化,粗纤维含量低。坚持少量多次、少喂勤添的原则。

①开食　雏鸡第一次采食叫开食。一般在出壳后 24 小时、饮水后 2～3 小时、视有 1/3 的雏鸡有求食的欲望时开食。开食时在料盘或塑料布上饲喂。吃完料后应将料盘或塑料布收起,以防雏鸡在上面排粪。

开食饲料要求新鲜,颗粒大小适中(粒度为 1.5～2.0 毫米),便于雏鸡啄食,营养丰富且易于消化。

②饲粮配合　雏鸡饲料应是全价配合饲料，能够满足雏鸡生长发育对蛋白质、能量、维生素、矿物质等营养成分的需要。雏鸡饲粮可按饲养标准结合雏群状况及当地的饲料来源和种类进行配制，其营养需要参见附录，饲粮配方见表19及第五章的典型饲料配方。

表19　幼雏、育成鸡饲粮配方

配方编号		0～8周龄		9～18周龄		19周龄至开产	
		配方1	配方2	配方1	配方2	配方1	配方2
饲料配合比例(%)	玉　米	68.40	58.1	66.0	54.00	64.80	67.20
	麸　皮	—	11.00	14.20	22.00	7.20	3.50
	豆　粕	23.00	—	12.00	—	17.50	22.00
	豆　饼	—	19.90	—	18.00	—	—
	棉籽粕	3.50	—	3.00	—	3.00	—
	槐叶粉	—	—	—	3.50	—	—
	鱼　粉	—	6.00	—	—	—	—
	骨　粉	—	2.15	—	—	—	—
	贝壳粉	—	0.50	—	—	—	—
	石　粉	1.20	—	1.20	—	4.20	4.50
	磷酸氢钙	2.00	—	1.50	1.20	1.50	1.50
	膨润土	—	1.00	—	—	—	—
	植物油	0.60	—	0.80	—	0.50	—
	预混料	1.00	1.00	1.00	1.00	1.00	1.00
	食　盐	0.30	0.35	0.30	0.30	0.30	0.30

续表 19

配方编号		0～8 周龄		9～18 周龄		19 周龄至开产	
		配方 1	配方 2	配方 1	配方 2	配方 1	配方 2
营养成分	代谢能(兆焦/千克)	11.92	12.10	11.50	11.13	11.29	11.39
	粗蛋白质(%)	19.09	19.05	15.59	15.20	17.01	17.40
	蛋白能量比(克/兆焦)	16.02	15.74	13.56	13.66	15.07	15.28
	钙(%)	1.12	1.06	0.95	0.78	2.02	2.15
	总磷(%)	0.83	—	0.76	0.57	0.73	0.70
	有效磷(%)	0.59	0.46	0.49	—	0.48	0.35
	赖氨酸(%)	0.81	0.97	0.58	0.73	0.69	0.73
	蛋氨酸(%)	0.28	0.35	0.22	0.32	0.24	0.26
	蛋氨酸+胱氨酸(%)	0.57	0.59	0.46	0.63	0.50	0.52

从雏鸡 4 日龄起可在饲粮中另加 1%的沙砾，特别是网上育雏和笼式育雏，更应注意沙砾的补给。

③饲喂方法　1～3 日龄，可将饲料直接撒布在开食盘或已消过毒的牛皮纸、深色塑料布上，诱其吃食。第一次饲喂时有些雏鸡不知吃食，应采用人工引诱的办法使雏鸡学会吃食。经过 2～3 次训练后，雏鸡就能学会采食。笼育雏鸡不便训练，只要将饮水和开食饲料放在较醒目易啄食的地方就可以了。4～7 天后应逐步过渡到使用料槽或料桶喂料。一般来说，1～3 周龄使用幼雏料槽，3～6 周龄使用中型料槽，6 周龄以后改用大型料槽。

第一天每 2 小时喂料 1 次，以后每天喂 5～6 次，6 周以后逐步过渡到 4 次。

在整个育雏阶段，不论是白壳蛋鸡、褐壳蛋鸡还是浅粉壳蛋鸡，都不限制饲喂，采取自由采食，喂料时要少喂勤添。

(4)定期称重　一般每1～2周称重1次。将称重结果与体重标准比较,若发现体重过大,应适当限饲;若体重过小,应检查一下是饲料问题还是管理问题,以采取相应措施。称重时应随机抽取雏鸡,每次称重的鸡只数不应少于100只,且逐只称重,将每只的体重结果加起来,求平均体重。轻型和中型蛋鸡体重标准和饲料消耗见表20。

表20　轻、中型蛋鸡体重(克)标准与饲料消耗　(克/只·日)

周　龄	轻型蛋鸡体重	轻型蛋鸡耗料	中型蛋鸡体重	中型蛋鸡耗料
1	70	10	70	12
2	120	16	130	18
3	180	22	195	25
4	245	28	270	30
5	320	33	355	36
6	420	39	460	43

(5)仔细观察鸡群　饲养员要做到"三观察"。即:观察精神,观察采食和饮水,观察粪便。健康鸡反应灵敏,叫声洪亮,活泼好动,羽毛光顺;病鸡反应迟钝或独居一处,两眼紧闭。健康鸡食欲旺盛,采食急切,饮水量适中;病鸡食欲下降或废绝,饮水量增加或减少。正常雏鸡粪便为灰白色,上有一层白色尿酸盐(盲肠粪便为褐色),稠稀适中;病鸡往往腹泻或粪便颜色异常。如患白痢时为白色稀便,患球虫病时为红色,患鸡瘟、霍乱以及一些呼吸道病时,往往排白绿色稀便,而患传染性法氏囊病则为水样粪便等。发现病鸡应及时拣出,隔离,送检验室进行检查。

(6)正确断喙　当日粮不平衡(缺少蛋白质、食盐、钙或钙磷比例不适等),饲养密度过大,温度过高,通风不良,光线强,缺乏饮水或缺饲料等，会引起啄癖(啄肛、啄趾、啄羽)，换羽期及产蛋上升期也易发生啄癖。为了防止啄癖，节约饲料，促进雏鸡的生长发育，生产上对蛋鸡要断喙(放牧饲养时不断)。

断喙应进行2次。第一次在6～9日龄，将上喙断去1/2～2/3，下喙断去1/3。待断喙器的刀片烧至褐红色，用食指抠住喉部，上下喙同时断，烧烙的时间约为1～2秒。第二次在120日龄左右，主要断去第一次的再生部分。断喙时将食指放在上下喙间，上、下喙分别断。断喙时应注意：免疫期不断，阴雨或过热天不断，断喙前除每千克饲料中加入2毫克维生素K以防大量出血外，其他维生素的含量也要增加2～3倍。断喙后水料要充足，避免喙碰到坚硬的料、水槽。若发现有的鸡断喙后出血，应再行烧烙。

(7)定期消毒　育雏期每周带鸡喷雾消毒2～3次，常用的消毒液有百毒杀、过氧乙酸、新洁尔灭、菌毒敌、抗毒威等。喷雾的高度以超出鸡背20～30厘米为宜。鸡舍门口要有消毒池，常用的消毒液是1%～2%火碱水。

(8)创造安静而稳定的环境条件　雏鸡胆小易惊，常会因为噪声或陌生人进入而惊群，乱撞乱碰，挤压成堆，有的鸡会撞死或压死。饲养管理程序的改变，也会影响其正常的采食、饮水，进而影响到生长发育。因此，育雏期要保持鸡舍安静，饲养管理要定时、定点、定人，要求工作人员的服装一致。

(9)准确记录　为了便于计算成本，检查育雏效果，要做好准确记录。记录的主要内容有入舍雏数、死亡数、存活数、各期体重、耗料、不同阶段的温度、湿度、光照等。

(10)减少雏鸡死亡　雏鸡阶段容易引起死亡的原因主要有白痢、脐炎、脱水、啄癖和鼠害等。

①白痢　育雏温度低时发病率高，死亡率可占全部死亡数的50%以上。预防的方法是对种鸡搞好白痢净化工作，2周龄前雏

鸡饲料中添加预防药物，如诺氟沙星、土霉素等，保证育雏所需要的温度，注意卫生消毒，经常清扫粪便。

②脐炎　当育雏舍卫生条件差，消毒不彻底，闷热潮湿，雏鸡脐带吸收不良时，导致脐带和卵黄囊细菌感染，表现为肿胀、溃烂，死亡率可占全部死亡的20%以上。预防方法是搞好卫生消毒，加强通风，严格选择雏鸡，对刚出壳的雏鸡每只肌内注射庆大霉素3000单位。

③脱水　由于雏鸡不能及时补充水，而引起脱水。表现为羽毛干枯，脚趾干瘪，眼窝内陷，身体瘦小，拒绝采食和饮水，最后死亡。这部分死亡数可占全部死亡的5%左右。预防方法是保证雏鸡在24小时内饮到水，若运输时间超过24小时，中间可补充水，并在运输前对鸡体喷水，对严重缺水的雏鸡要用滴管逐只滴服5%葡萄糖水。

④啄癖　当雏鸡的饲养密度大，育雏温度高，光线强，缺水或换羽时，啄癖发生率很高，这部分占雏鸡死亡率的5%左右。预防方法是改善饲养管理条件，6～9日龄断喙。

⑤鼠害　因育雏舍密封不严，使老鼠进入，咬死大量雏鸡。这种现象几乎每个鸡场都有发生。因此，应密封鸡舍，开展灭鼠工作。

3. 经常检查育雏效果　检查育雏效果的优劣主要通过雏鸡的健康状况、成活率、体重和均匀度等指标来表示。

(1)健康状况　育雏效果好的鸡群，雏鸡应健康无病，反应灵敏，叫声洪亮，羽毛有光泽，无残疾，两脚站立稳健，采食饮水正常，粪便颜色、状态正常。

(2)成活率

$$雏鸡成活率(\%)=\frac{育雏期末存活的雏鸡数}{入舍雏鸡数}\times 100\%$$

在良好的饲养管理条件下，雏鸡0～6周龄的成活率在90%

以上,优秀鸡群可达95%～97%。

(3)体重　雏鸡体重可参考表20。

平均体重＝鸡只总重÷鸡只数

体重符合标准时,说明生长发育正常,管理较好,以后产蛋量高。体重过大,营养过剩,以后产蛋少,蛋重小,死亡率高;体重太轻说明营养不良,或管理不善,以后鸡的产蛋持久性差。

(4)均匀度　鸡群发育整齐,开产一致,产蛋高峰高。如果鸡群中80%的个体体重在平均体重±10%的范围内,则认为均匀度好。

二、育成鸡培育的关键技术

7～20周龄的鸡称为育成鸡。有人认为育成鸡的抵抗力较强,管理可以粗放些。确实,育成鸡的抗病能力与育雏期相比有了明显的提高,但对饲养管理技术的要求并未降低,稍不注意,就会引起过肥或早产,也可能推迟开产日龄。因此,育成期的饲养管理技术关键是保证其具有良好的产蛋体况,控制其适时开产。

(一)育成鸡的生理特点

育成鸡体温调节能力和消化机能基本健全,对外界环境有较强的适应能力,生长仍很迅速,发育旺盛,母鸡从11周龄、公鸡12周龄性器官开始发育,育成后期生殖系统发育速度加快直至性成熟。因此,这一时期的饲养管理要点是降低饲料营养水平,以锻炼其消化功能;让其充分运动,以促进骨骼和肌肉的生长;严格控制光照和体重,适当限饲,使其适时开产。

(二)饲养方式

育成鸡的饲养管理方式分为舍饲、半舍饲和放牧饲养。

1. 舍饲　鸡群在饲养全过程中始终在舍内。舍饲根据地面结构的不同分为厚垫料、栅养、笼养等多种形式。500只以下的小鸡场可用厚垫料饲养法；5 000只以下的可用栅养、网养或笼养；5 000只以上的可用立体笼养。

厚垫料饲养法是在地面铺垫10～20厘米厚的柔软垫料，到鸡群转群时将垫料清除出去。这种方法成本较低，冬季较温暖，可为鸡群提供充足的维生素B_{12}，啄癖现象少见。但饲养密度较小，卫生条件差，劳动强度高。

栅养或网养是将板条或铁丝网架高60～70厘米，通常板条宽1.25～5.1厘米，空隙2.54厘米，板条走向与鸡舍长轴平行；铁丝网孔为2.54厘米×5.1厘米，网下有支柱支撑。这种饲养方式较卫生，鸡群的发病率较低，密度大于垫料饲养，但易惊群，成本稍高。

立体笼养可增加饲养密度，提高育成鸡成活率，便于饲养管理，是目前鸡场普遍采取的饲养方式。市售的育成笼多为四层，如9LJT-4160型四层阶梯式育成笼[其大概尺寸1 900×2 060×1 580(毫米)，可养160只]、9LI-4144四层型育成笼(可养育成鸡144只)、9LY-4186型四层育成笼(可养育成鸡168只鸡)。此外，还有两层育成鸡笼等。

2. 半舍饲　是利用鸡舍和运动场相结合形式饲养育成鸡的一种方法，鸡舍与运动场的面积之比为1∶2。舍内铺垫沙子或其他垫料，并设栖架；舍外为运动场，鸡舍为夜间休息或阴雨天活动的场所，运动场是白天活动、采食、饮水的空间。这种饲养方式鸡舍的空气较好，投资小，鸡可直接接触阳光的照射，并可从地面获得一些微量元素，因此鸡群较健壮。但饲养密度小，每平方米养5～8只，占地面积大，劳动生产效率低，1人只能负责500～1 000只。这种饲养方式适合饲养优良种鸡或地方鸡种。

3. 放牧饲养　鸡散放于地域较宽阔而不适于耕种的场地(多

为荒地或半山坡),配备可活动的鸡舍以备夜间和阴雨天使用。这种方式投资少,成本低,鸡可获得一些野生植物茎叶、草籽及收获作物散落的种子、野生昆虫等,并因活动量较大及阳光充足,鸡非常健壮,产品质量较高,是适合于山区、半山区及果园养鸡的一种方法。但应防止兽害,放牧前要训练调教好。

(三)饲养管理

1. 环境控制 育成鸡对温度、湿度的要求不高,控制主要是光照和密度。因为光照的时间和强度对性器官发育的影响极大,育成期光照时间过长,光照强度过大,往往会导致早产;相反,会使开产日龄推迟。密度大小影响鸡群发育的整齐度,密度过大时,鸡群发育不整齐,以后不能同步开产,没有产蛋高峰。

(1)光照 育成期的光照原则是光照时间要短或渐减,切不能延长,光照时间最好控制在每天 8～9 小时,光照强度不能增加,以 5 勒(能看见采食)为宜。开放式、半开放式鸡舍,若是 4 月 15 日至 9 月 1 日孵出的雏鸡,因生长后期自然光照时间逐渐缩短,可全部用自然光照;其他时间孵出的雏鸡,光照实施的方法是先查出该群鸡到达 20 周龄时的日照时间,再加 5,作为该批鸡第一周(前 3～5 天除外)的光照时间,以后每周减少 15 分钟,到 20 周龄正好减 5 小时,这样给鸡一个渐减的光照程序,可控制母鸡适时开产。育成后期给予每天超过 10 小时的光照或光照时间逐渐延长,将使母鸡提前开产。早熟鸡群易早衰,并且蛋重小,产蛋高峰低,产蛋持久性差,易脱肛,鸡的体重小,产蛋期死亡率高。育成期光照时间太短或光线太弱,鸡的开产日龄延长,使产蛋期缩短,产蛋量降低。适时开产时产蛋量最高。因此,给予合理的光照是控制母鸡适时开产的最有效措施之一。

(2)密度 地面平养时的合理饲养密度为(舍内):7～12 周龄 10 只/米^2,13～20 周龄 8～9 只/米^2;栅养时 8～10 只/米^2。立体笼养时 25～30 只/米^2。

(3)温度　育成期雏鸡对温度的变化适应力较强，一般不设专门的取暖设备，而是借助通风调节温度。但对刚刚离温的育成鸡，应注意天气的剧烈变化，遇到寒流时应采取一些保温措施。

(4)湿度　育成鸡舍的相对湿度可在 40%～72%，通风正常时不会超出这一标准。

(5)空气　育成鸡舍空气要新鲜，27℃时鸡舍通风量为每千克体重 5.6 米^3/小时的通风量。

2. 饲养技术要点

(1)营养需要　育成期日粮蛋白质水平逐渐降低，由原来的 18%逐渐减至 14%～15%。钙、磷的含量降低，钙由原来的 0.9%～1%降低至 0.6%～0.8%，有效磷由 0.4%～0.45%降低至 0.3%～0.35%，锻炼其机体保存钙、磷的能力。粗纤维含量增加，麸皮、糠类、草粉等占的比重加大，以促进其消化器官的进一步发育，为以后产蛋奠定基础。育成期鸡对各种营养的需求量见附录。

为了锻炼育成鸡的消化功能，提高饲料消化率，要经常喂沙子，可拌入料中，每周每 100 只鸡给不溶性沙子 500 克；也可单独撒于料槽内，每周 1 次，沙子的大小以可通过直径 3 毫米的筛孔为宜。

(2)饲料过渡　从 7 周龄开始，头 1～2 天用 2/3 的育雏料，1/3 的育成料混合饲喂；3～4 天用 1/2 的育雏料，1/2 的育成料混合饲喂；5～6 天用 2/3 的育成料，1/3 的育雏料混合饲喂；以后全部饲喂育成鸡料。

(3)限制饲养　育成期体重增加过快，严重超标时，要进行限饲。限饲的方法有限量法和限质法。限量法就是限制饲料的饲喂量，有每天减少饲喂量、隔日饲喂、限制每天喂料时间等方法。限质法就是降低饲料的营养水平，保证量的供给。

目前生产上常用的限饲方法是限量法。限饲的时间从6～8周龄开始，至18周龄结束。限饲应与控制光照相结合，切不可一边限饲，一边延长光照。

不同类型、不同体重的鸡群限饲程度不同。白壳蛋鸡限饲的程度轻或不限制饲养，褐壳蛋鸡限饲程度重；体重超出多时多限量，超重少时少限。对体重达不到要求而光照时间正常的鸡群，要加强营养，增加每天的饲喂量，改善饲料的营养水平，使鸡适时开产，避免体重过小而早产。

(4)饮水　育成鸡的饮水量较大，要保证任何时候都有常备不断的清洁饮水，每只育成鸡的水槽位置不小于2厘米。使用乳头式饮水器时，每10只1个乳头；水杯每7～8只1个。

3. 管理技术关键

(1)转群　雏鸡至6周龄后就应转入育成舍。转群前后2～3天要在饲料中加倍加入各种维生素，前6小时要停止给料。转入的当天要给予24小时的光照，以便熟悉环境，充分采食和饮水。结合转群，进行1次鸡的盘点和选留，将体重过小、有明显残疾的个体拣出淘汰。抓鸡的动作要轻，1次抓的鸡数不能太多，不可用力太大，以防造成伤残。转群期间不要接种疫苗和断喙。

(2)称重　体重与开产的早晚密切相关，当体重增加过快时，易早熟；而体重增加过慢时，开产晚。因此，可通过控制体重的方法控制性成熟。一般每1～2周称重1次，万只鸡场按1%抽样，小鸡场按5%，但每次不能少于100只。育成鸡7～20周龄体重标准和给料量见表21，若有企业标准应以企业标准为准。

(3)第二次断喙　育成鸡到120日龄时应进行第二次断喙，断喙的方法见前述。

(4)搞好防暑降温工作　春天引进的雏鸡至育成后期正处在天气最热的季节，应做好防暑降温工作。方法是加大通风量或设湿帘，供给常备不断的清洁饮水，水中也可加入0.5%～1%碳酸氢钠或适量的维生素 C；严重高温时可喷雾降温。

(5)控制性成熟　在所有的饲养管理条件中，光照和饲料对性成熟的影响最大，控制性成熟实际就是控制光照和饲料。育成后期光照时间要短，一般每天不超过 10 小时。对体重已达到标准，且已开产，但日龄不足的，可顺其自然；体重未达到标准，已有开产迹象，但日龄不足的鸡群应限制光照；体重未达到标准，日龄已到而尚未开产的鸡群，应补充光照，增加营养；已到该品种的性成熟期，白壳蛋鸡体重已达到 1.25 千克，褐壳蛋鸡体重已达到 1.5 千克的鸡群，若还未开产，应补充人工光照，并进行补饲，使其尽早开产。

表 21　育成鸡 7～20 周龄体重和给料量

周　龄	白壳蛋鸡品种		褐壳蛋鸡品种	
	每只每日给料（克）	体重范围（克）	每只每日给料（克）	体重范围（克）
7	45	420～520	50	560～680
8	49	500～600	55	650～790
9	52	570～710	59	740～900
10	54	660～820	63	830～1010
11	55	770～930	67	920～1120
12	57	860～1040	70	990～1220
13	59	940～1120	73	1070～1310
14	60	1010～1190	76	1130～1390
15	62	1070～1250	79	1200～1460
16	64	1120～1300	82	1260～1540
17	67	1160～1340	85	1320～1620

续表 21

周　龄	白壳蛋鸡品种		褐壳蛋鸡品种	
	每只每日给料（克）	体重范围（克）	每只每日给料（克）	体重范围（克）
18	68	1190～1370	88	1390～1690
19	74	1210～1410	91	1450～1770
20	83	1260～1480	95	1500～1840

三、产蛋鸡的饲养管理

很多鸡场反映，鸡群产蛋没有高峰或高峰持续时间太短，产蛋期死淘率高。实际生产中，影响产蛋的因素有多种，如管理、环境、饲料营养、健康等，只有所有条件均达到最佳状态，产蛋才会出现高峰。因此，提高蛋鸡产蛋量是一项综合性的技术措施。

（一）正确选择饲养方式

蛋鸡的饲养方式主要有舍内笼养、半舍饲散养和放牧饲养等形式。引入的培育品种适合采用舍内笼养方式；种鸡或一些地方品种可采用半舍饲散养形式；地方品种适合放牧饲养。

舍饲笼养所用鸡笼多为三层全阶梯式、两层全阶梯式或叠层式。三层全阶梯式鸡笼是目前普遍采用的一种笼具，具有操作简便、光照均匀、通风良好、鸡蛋破损率低、拆装方便等优点。根据所养鸡的大小，可任选浅型或深型，轻型蛋鸡选浅型，其外形尺寸为 1 900 毫米×2 120 毫米×1 500 毫米，每组可养 96 只。北京某厂生产的浅型鸡笼每个单排鸡笼隔成 4 个小笼，每小笼 4 只鸡，笼深 325 毫米，前高 400 毫米，笼长 475 毫米，底网坡度 10°；中型蛋鸡选深型，其外形尺寸为 1 900 毫米×1 700 毫米×1 550 毫米，每组可养 90 只。

半舍饲和放牧饲养时，可参考育成鸡的饲养方式。

（二）产蛋期的饲养

1. 营养需要　母鸡开产前 3～4 周内，体内蛋白质合成加快，一方面用于产蛋的增加，另一方面用于体重、器官的增长和体内储备。如果此期营养不足，生殖器官发育不良，体内储备不够或没有，以后产蛋率提高缓慢，产蛋高峰低，且维持时间短，产蛋率下降快，蛋重小。因此，在育成母鸡开产前 2～3 周给予产蛋高峰期料（钙除外，含量为 2%），既有利于营养物质的储备，又能在产蛋的早期有充分的营养供给；42 周龄后，蛋鸡体重增加缓慢，产蛋率开始下降，此时应换产蛋后期料。

产蛋高峰期料的主要营养水平为代谢能 11.29 兆焦/千克，粗蛋白质 16.5%，蛋白能量比 14.61 克/兆焦，钙 3.5%～3.75%（18 周龄时给予 2% 的钙，20 周龄后增加到 3.5% 左右），有效磷 0.32%，食盐 0.37%。其他营养成分的需求量见饲养标准或企业营养需要推荐量。

产蛋后期料的主要营养成分含量为代谢能 10.87 兆焦/千克、粗蛋白质 15%～16%。其他养分参考高峰期料。

蛋鸡在开产的头 4 天里，采食量迅速增加，以后增加速度减慢，直至 4 周以后。采用自由采食的方法，不限制饲养。

产蛋高峰期和产蛋高峰后期饲粮营养水平及饲粮配方见表 22 和表 23，也可以参考第五章的典型饲料配方。

三、产蛋鸡的饲养管理

表 22　产蛋鸡主要营养成分的需要量

项　目	产蛋阶段		
	开产至高峰期（产蛋率大于 85%）	高峰后期（产蛋率小于 85%）	种　鸡
代谢能（兆焦/千克）	11.29	10.87	11.29
粗蛋白质（%）	16.5	15.5	18.0
蛋白能量比（克/兆焦）	14.61	14.26	15.94
钙(%)	3.5	3.5	3.5
总磷（%）	0.60	0.60	0.60
有效磷(%)	0.32	0.32	0.32
钠(%)	0.15	0.15	0.15
氯(%)	0.15	0.15	0.15
蛋氨酸（%）	0.34	0.32	0.34
蛋氨酸+胱氨酸（%）	0.65	0.56	0.65
赖氨酸（%）	0.75	0.70	0.70

（摘自农业部 2004 年颁布的“鸡的饲养标准”）

表 23　产蛋期两阶段(按产蛋周龄分段)饲粮配方

饲料种类及其营养含量	开产至高峰期（>85%）			高峰后期（<85%）		种　鸡	
	配方 1	配方 2	配方 3	配方 1	配方 2	配方 1	配方 2
玉　米（%）	66.1	60.00	53.70	63.00	61.00	64.20	51.00
麸　皮（%）	—	10.00	—	—	5.00	—	—
豆　粕（%）	20.00	—	—	—	—	21.00	18.00
豆　饼（%）	—	10.00	28.00	23.80	18.00	—	—

续表 23

饲料种类及其营养含量	开产至高峰期（>85%）			高峰后期（<85%）		种　鸡	
	配方 1	配方 2	配方 3	配方 1	配方 2	配方 1	配方 2
棉籽粕（%）	2.00	—	—	2.00	—	—	—
棉籽饼（%）	—	—	—	—	3.00	—	—
高　粱（%）	—	—	5.00	—	—	—	15.00
菜籽饼（%）	—	—	1.00	—	4.00	—	—
葵籽饼（%）	—	—	1.00	—	—	—	—
槐叶粉（%）	—	2.00	2.00	—	—	—	—
苜蓿粉（%）	—	—	—	—	—	—	1.00
鱼　粉（%）	—	10.00	—	—	—	4.00	5.00
骨　粉（%）	—	—	2.50	—	1.70	—	—
贝壳粉（%）	—	6.70	5.30	—	—	—	—
石　粉（%）	8.30	—	—	8.40	6.00	7.20	7.00
磷酸氢钙（%）	1.50	—	—	1.50	—	1.50	1.50
动物油（%）	—	—	—	—	—	0.80	—
植物油（%）	0.80	—	—	—	—	—	0.20
预混料（%）	1.00	1.00	1.00	1.00	1.00	1.00	1.00
食　盐（%）	0.30	0.30	0.50	0.30	0.30	0.30	0.30
代谢能(兆焦/千克)	11.27	11.34	11.26	11.15	10.38	11.43	11.14
粗蛋白质(%)	16.73	16.50	16.90	15.80	15.30	18.50	18.00
蛋白能量比(克/兆焦)	14.84	14.55	15.01	14.17	14.74	16.19	16.15
钙(%)	3.51	3.20	3.46	3.55	3.07	3.27	3.30

续表 23

饲料种类及其营养含量	开产至高峰期(>85%)			高峰后期(<85%)		种　鸡	
	配方 1	配方 2	配方 3	配方 1	配方 2	配方 1	配方 2
总磷(%)	0.67	0.70	0.65	0.65	0.58	0.77	0.79
有效磷(%)	0.47	—	—	0.48	—	0.58	0.61
赖氨酸(%)	0.70	0.91	0.96	0.76	0.69	0.85	0.81
蛋氨酸(%)	0.25	0.32	0.24	0.24	0.27	0.30	0.30
蛋氨酸+胱氨酸(%)	0.51	0.59	0.55	0.50	0.54	0.57	0.54

2. 换料　蛋鸡饲养至 17～18 周龄开始逐渐换料，方法参见育成鸡的饲料过渡技术。

3. 饲喂技术　蛋鸡饲养多采用干粉料自由采食的方法。但是，为了保证饲料的新鲜，增进食欲，一般每天加料 3 次，加料量不超过料槽深度的 1/3，每次加料前应保证上次的饲料采食完。两次加料之间应匀料 2～3 次，以保证每只鸡都有料吃，刺激鸡采食。

蛋鸡每只每天给料量参考标准见表 24。

(三)蛋鸡管理技术关键

不同鸡场饲养相同的品种，饲喂同一品牌的饲料，鸡群生产性能的表现却差异很大，这种差异主要是由管理技术水平造成。其中包括环境条件的控制、鸡群的观察与管理、卫生消毒等。

1. 环境条件控制　产蛋期蛋鸡对环境的要求较为严格，有时环境条件的稍微变化，都会引起产蛋量的突然下降，如降温、升温、刮风、雷电、噪声等。

表 24　蛋鸡每只每天给料量参考标准

周　龄	给料量(克)		周　龄	给料量(克)	
	白壳蛋鸡	褐壳蛋鸡		白壳蛋鸡	褐壳蛋鸡
21	85	95	47	104	118
22	95	108	48	104	118
23	104	110	49	104	118
24	109	115	50	104	118
25	109	118	51	104	115
26	109	120	52	104	115
27	109	120	53	104	115
28	109	120	54	104	115
29	109	120	55	104	115
30	109	120	56	104	115
31	109	120	57	104	115
32	109	120	58	104	115
33	109	120	59	100	115
34	109	120	60	100	115
35	109	120	61	100	110
36	109	120	62	100	110
37	109	120	63	100	110
38	109	120	64	100	110
39	109	120	65	100	110
40	109	120	66	100	105
41	104	118	67	100	105
42	104	118	68	100	105
43	104	118	69	100	105
44	104	118	70	95	105
45	104	118	71	95	105
46	104	118	72	95	105

(1)光照　产蛋期光照时间太短,光线太弱,鸡得不到足够的光刺激,产蛋量低。若光照时间缩短,或光照强度减弱,会出现停产换羽现象。相反,如果光照时间过长,超过 17 小时/天,产蛋增加太快,产蛋高峰提前;同时,因体内营养消耗太快而使高峰期维持时间短。光照时间太长鸡脱肛现象严重,死亡率高,啄癖发生率亦高。因此,对光照时间、强度、光源颜色等应严格控制。

①光照原则　产蛋期光照时间要长,但最长不能超过 17 小时。不可缩短,光照强度不能减弱。

②光照制度　从 20 周龄开始延长光照,到达产蛋高峰期(28～30 周龄)使光照时间增加至 15～16 小时/天,光照强度增加为 10 勒,然后恒定。产蛋率由高峰开始下降时,逐渐延长光照,使每天的光照时间达到 16～17 个小时,然后再恒定,直至淘汰。如此的光照方法可有效避免产蛋率的急剧下降,维持较长的产蛋高峰期。

③光源　常用的光源以白炽灯为宜,按照每平方米 2.5～3.5 瓦设计,就能达到 10 勒左右的光照强度。灯高 2 米,用 25～40 瓦的灯泡。开放式鸡舍白天用自然光,夜间补充人工光照。

④光照时应注意的问题　每天的光照时间要相对固定,如要延长时应逐渐增加。开、关灯时应渐亮或渐暗,若突然变亮或变黑暗,易引起惊群。安装的灯泡要有灯罩,灯泡要勤擦,坏灯泡应及时换。

(2)温度　炎热的夏季,若不采取降温措施,鸡蛋壳开始变薄,软壳蛋增加,蛋重减轻。相反,到了冬季,鸡的采食量开始加大,产蛋率降低。因此,温度对产蛋、蛋重、蛋壳品质、种蛋受精率和饲料转化率都有明显影响。

对于成年的产蛋鸡,适宜的温度为 5℃～28℃,产蛋适温为 13℃～20℃,13℃～16℃产蛋率最高,15.5℃～20℃饲料利用率最高。

高温时，饮水量加大，采食量减少，蛋的品质降低，软壳蛋增加，种蛋的受精率降低。严重高温时（40℃以上），因体热不能及时散失而使鸡的体温升高，如不及时降温，就可能引起死亡，这种现象若伴随着高湿危险性更大。夏季为了降温排湿，要加大通风量，减小密度，严重高温时可在进风口搭水帘、屋顶浇水或直接向鸡体喷水。通过在饲料中添加0.5%碳酸氢钠、蛋氨酸和200毫克/千克维生素C等，也可提高鸡群的抗热能力。

（3）通风　每年入冬前，由于人们将鸡舍的大部分通风口封闭，导致鸡舍空气质量下降，鸡群的呼吸道疾病明显增加，产蛋率显著降低。因此，鸡舍适当通风，对于提高鸡群健康水平，保证正常产蛋非常重要。

一般要求氨气的浓度不超过0.002%，二氧化碳不超过0.15%，硫化氢不超过0.001%。小规模的养鸡场若没有检测手段，可根据人的感官来判断，以人进入鸡舍后感觉无明显的刺激性气味为宜。在保证空气较新鲜的前提下，还要保证舍内空气有一定的流动速度，冬季气流速度以每秒0.1～0.2米为好，夏季以每秒0.5米为宜；开放式鸡舍夏季以1～1.5米/秒为宜。

（4）湿度　鸡舍的相对湿度应保持在40%～70%。鸡舍相对湿度超过75%时，鸡的羽毛潮湿污秽，关节炎病症出现较多，如果伴随低温，情况更为严重，因温度低，水蒸气在鸡的体表凝聚成水滴，鸡体受冷，散热量增加，耗料多，且易感冒。高湿伴随高温，鸡体通过蒸发散热受到阻碍，引起体温升高，从而影响生产和生活。同时，高湿、高温有利于微生物的繁殖，导致疾病的发生。

减小湿度的方法是经常清粪、防止水槽漏水、加强通风和控制好鸡舍温度。

2. 减少应激　应激是鸡对造成其生理紧张状态的环境压力和心理压力的反应。引起应激反应的因素主要包括温度偏高或偏低、通风不良、光线不适、惊吓、异种动物、贼风、噪声、断水、断料、断喙、接种疫苗、密度过大、性别比例不适等。鸡群受到应激因素的刺激后，表现为食欲不振，产蛋量突然下降，软壳蛋的比率增加。严重应激时，由于鸡高度精神紧张而乱撞导致内部脏器的损伤或死亡。一时的应激数日后才能恢复正常，甚至有的很难恢复正常，难以达到正常的产蛋高峰。因此，应制定严格的科学管理程序，饲喂、光照、集蛋、清扫卫生、供水、通风要定时、定点、定人，避免噪声，防止惊吓，尽量谢绝参观，饲料变更要有一个过渡时期，防止突然变化。

3. 观察鸡群 饲养员每次进入鸡舍，都应对鸡群进行观察。观察鸡群的精神状态和粪便是否正常，若发现病鸡和异常鸡应及时隔离检查；喂料时观察鸡的采食和饮水情况，检查水槽是否漏水，乳头式饮水器是否出水；夜间听听鸡舍内有无呼吸道发出的异常声音；中午应仔细观察有无啄癖的鸡，若发现应立即捡出。

4. 减少鸡蛋破损 鸡蛋的破损给生产带来严重的经济损失。据统计，蛋的破损率占总产蛋量的6%～8%。破蛋的形成与品种、营养水平、环境温度、笼底结构、鸡的年龄、疾病等有关。褐壳蛋的破损率低于白壳蛋，粉壳蛋居中；日粮中钙、磷、锰、维生素D缺乏或比例不当时蛋的破损率高；环境温度过高时破损率高；笼底铁丝过于坚硬，缺乏弹性，倾斜角度不合适时（一般要求倾斜8°～9°）破损率高；产蛋后期破损率高；患有疾病时，如鸡新城疫、禽流感、减蛋综合征、传染性支气管炎等，由于对钙的吸收不良，而使蛋壳变薄，蛋的破损率增高。

针对以上原因采取措施，可有效减少蛋的破损。若鸡蛋需要长途运输，在引种时应选择蛋壳品质好的品种或品系，如褐壳蛋鸡或粉壳蛋鸡；饲养上应保证钙、磷、锰、维生素D的供给，尤其是钙、磷比例要适当。目前市面有的销售假磷酸氢钙，表现为含钙极高，而磷含量不足（有的仅为6%），使用后蛋壳虽然较厚，但脆性增强，破损率增加，应引起注意；购买高质量的鸡笼；在产蛋后期

(400 日龄以后)和热应激状态(当温度超过 30℃时)下要增加日粮的钙含量。尽量减少疾病。增加捡蛋次数。运输蛋时用专用的蛋箱,途中防止剧烈颠簸。

5. 建立严格卫生防疫制度　注意保持鸡舍内和环境的清洁卫生,每天洗刷水槽,料槽及其饲喂用具要定期洗刷消毒。鸡舍和周围环境每 1～2 周消毒 1 次,有疫情时增加消毒次数。饲养员每次进入鸡舍时都要消毒。

6. 做好记录　记录的目的是检查饲养管理水平,发现问题及时解决,并为经济效益分析、下年度生产计划制定提供科学依据。记录的基本内容有产蛋量、耗料量、鸡死亡淘汰数等。

7. 搞好蛋鸡的四季管理　鸡群的生长与产蛋需要相对稳定的环境条件,我国绝大部分地区一年四季春夏秋冬气候分明,尤其是严冬与酷夏的天气,都不利于鸡群的生长与生产。因此,在不同季节采取不同的饲养管理措施,以保证鸡群有较好的生产表现。

(1)春季　气温回升,日照逐渐延长,环境条件对鸡群产蛋较为适宜,但微生物也开始大量孳生。

该季节的饲养管理要点是增加饲喂量,每天加料 3～4 次,匀料 3～4 次。增加每天的捡蛋次数,达到 3～4 次/天,上午 2～3 次,下午 1～2 次。逐渐增加通风量,但要注意收听天气预报,遇到降温应加强保温。春初对鸡场辖区及舍内进行彻底清扫消毒,搞好卫生防疫和疫苗注射。鸡舍周围植树或种植绿色植被,以减少夏季热辐射。

(2)夏季　气温高,日照时间长。当温度达到 25℃以上时,蛋品质降低,高于 30℃时产蛋量和采食量降低,达到 35℃时有些鸡种出现中暑现象。

该季节的饲养管理要点是减少热辐射,充分利用鸡舍周围的绿色植被,并加大通风量。采用自然通风的鸡舍,应将所有进、出气口打开,但要有纱网遮挡,以防蚊、蝇;采用机械通风的鸡舍,要将所有风机启动;还可以通过安装水帘、屋顶浇水、鸡舍喷水等方式蒸发降温。供给常备不断的清洁饮水,适当减小密度,早晨补充光照,同时加料。适当调整饲料营养水平,饮水或饲料中加入抗热应激的添加剂,如加大维生素的供给,增加蛋白质含量(提高1%～2%),补充蛋氨酸,加入2%～3%的油脂代替能量饲料,饮0.02%维生素C水,或0.5%～1%碳酸氢钠水,或添加0.3%碳酸氢钠+0.3%氯化铵,补充锌、碘、铬等矿物质元素可减轻热应激的影响。

(3)秋季　天气渐凉,日照渐短,但早秋较闷热,雨水较大,鸡易患呼吸道病(如传染性支气管炎、支原体病等)和鸡痘。春天培育的雏鸡正是产蛋高峰期。

该季节的饲养管理要点是根据产蛋鸡的要求补充人工光照,白天加大通风量,以解除闷热和排除湿气,定期在饲料或饮水中加入预防疾病的药物(如环丙沙星、恩诺沙星等)。秋末冬初通风口不要密封太严,防止因突然空气质量下降引起呼吸道疾病。

(4)冬季　气温低,光照时间短。有些鸡场盲目减小通风量而使得呼吸道疾病增加,鸡舍湿度加大。

该季节的管理要点是做好防寒保温工作,保持鸡舍温度不低于5℃。补充光照,使光照时间每天达到14～16小时。减小通风,有条件的鸡场可用热风炉供暖。增加日粮能量水平。

8. 改善蛋壳质量　目前有些鸡场鸡蛋的蛋壳质量较差,表现为软壳蛋、沙皮蛋、破蛋(壳较厚但壳脆,易破损)、颜色暗淡、有暗色点状物等,严重影响着鸡蛋的销售价格。因此,鸡蛋蛋壳质量越来越被人们重视。

导致蛋壳质量下降的原因主要有钙、磷、维生素D缺乏(薄壳蛋、软壳蛋、沙皮蛋),锰、锌、镁、铁、铜不足(浅色蛋),高钙低磷(壳较厚但脆,易破损),年龄大、温度高、疾病(薄壳蛋、软壳蛋、沙皮蛋、色淡),长期使用抗生素、磺胺类药物(颜色暗淡,伴有灰色斑点）。

改善蛋壳质量应根据导致蛋壳质量下降的原因采取相应措施。

产蛋鸡日粮中钙含量一般为3.2%～3.5%，高温或高峰（产蛋率85%以上）为3.6%～3.8%，产蛋率小于60%时为3.0%。直径为1.4～5.6毫米的石灰石，有利于蛋壳形成。产蛋鸡日粮有效磷在0.35%～0.4%。锰在日粮中的含量为55～60毫克/千克，锌为50毫克/千克，镁为50～400毫克/千克，维生素D_3 1 000～1 500单位/千克，维生素C 250毫克/千克。

搞好鸡新城疫、禽流感、传染性支气管炎、减蛋综合征等疾病的预防。避免长期使用抗生素类药物。产蛋期尽量减少接种疫（菌）苗次数，且接种前后增加维生素的供给量。鸡舍温度超过30℃时，每天傍晚每1 000只鸡补充石粉500～1 500毫克及50～100毫克/千克维生素C。对产蛋40周后鸡每天傍晚每1 000只鸡补充石粉500～1 500毫克。

9. 控制蛋重大小　蛋重大小主要受开产日龄、开产体重、日粮亚油酸水平、蛋白质和蛋氨酸水平的影响。一般开产越晚蛋重越大。开产体重越大，淘汰体重也大，平均蛋重也大。日粮亚油酸含量可通过影响蛋黄的大小而影响蛋重大小，一般要求日粮亚油酸的含量为1.5%对增加蛋重有利。蛋白质含量越高，蛋白质中蛋氨酸的含量越高，蛋重越大。如果通过调节开产日龄、开产体重来调节蛋重大小，会影响全程的产蛋量。因此，生产中主要通过调整日粮亚油酸、蛋白质、蛋氨酸水平来控制蛋重大小。

10. 鸡群常出现的问题及对策

（1）为什么鸡粪便过稀，如何预防　引起粪便过稀的原因很多，主要有气温高（成年蛋鸡30℃以上饮水量迅速增加）、食盐含量高、微量元素高、粗纤维高和疾病等。

为了防止粪便过稀，夏季采取降温措施；食盐、微量元素添加量计算准确，搅拌均匀，鱼粉添加量大时应酌减食盐用量；粗纤维不能超过 5%；搞好疾病预防。

(2)鸡出现啄癖的原因及预防措施　啄癖主要表现为啄肛、啄趾、啄羽，严重时将鸡啄死。

出现啄癖的主要原因有品种、营养缺乏(食盐、钙、纤维素、蛋白质尤其是含硫氨基酸缺乏，缺水、断料)、管理不当(密度大、光线强、温度高)、特殊生理阶段(换羽期、刚开产鸡群)、断喙不当等。

成年蛋鸡舍温最好保持在 30℃以下，夏季采取降温措施，适当减小密度；合理控制光照，生长期 5 勒的光照强度(每 18 平方米安装 15 瓦白炽灯 1 盏)，产蛋期 10 勒的光照强度(每 18 平方米安装 30～40 瓦白炽灯 1 盏)；满足各阶段营养需要，如食盐、蛋白质、钙等；粗纤维含量为 3%～5%；正确断喙。

(3)鸡群产蛋率突然下降的原因及对策　主要原因有突然更换饲料、环境变化幅度较大(温度、湿度、光照、空气)、操作程序改变(给料时间、消毒、捡蛋、接种疫苗)、疾病(流感、减蛋综合征、支气管炎等)、惊吓、鸡个体偏小，营养储备不足(开产早，加光早)。

更换饲料需经 5～7 天过渡；保证环境条件的稳定，特别注意温度不能忽高忽低，光照时间和强度不能突然改变；一切饲养管理程序保持相对稳定，防止惊吓，避免异种动物进入鸡舍；搞好疾病的防控；加强育成鸡饲养管理，保证适宜的开产时间及开产体重。

思考题：

1. 怎样才能选购到健康的雏鸡？
2. 育雏要掌握哪些关键技术？
3. 怎样评价育雏效果？
4. 怎样做好育成鸡的饲养管理？
5. 怎样做好产蛋鸡的饲养管理？

第七章　快大型肉鸡生产

快大型肉鸡根据不同的生产目的，可分为商品肉仔鸡生产和肉种鸡生产。由于生产目的不同，对饲养管理条件的要求也有差异。现分述如下。

一、商品肉仔鸡生产

快大型商品肉仔鸡指的是经现代化育种手段培育出的专门配套品系杂交所生产的雏鸡，不论公母，饲养到 6～9 周龄，一律出栏屠宰上市，专门作为肉用的仔鸡。这类仔鸡的生长速度极快，生产周期短，饲料报酬高，对饲料营养水平的要求也较高。

目前，在快大型商品肉用仔鸡生产中，主要的问题是生长速度不理想，残次品较多，腹水症、猝死症和腿病等疾病难以控制，致使效益不佳。所以，要做好科学饲喂，改善饲料报酬，减少疾病，提高成活率和产品合格率，最终达到高产、优质、低耗、高效的目的。

（一）饲养管理制度

1. 严格执行“全进全出”制　即同一日龄雏鸡同一天入舍，同一天出舍。出舍后将鸡舍彻底清扫消毒，切断病菌循环感染的途径，消毒后经 2 周的封闭，可再饲养下一批雏鸡。采用此种方式肉鸡发病率较低，便于饲养管理，疾病少。

2. 分阶段饲养　根据肉仔鸡各阶段的生理特点，将其分为几个不同的阶段饲养管理，一般分 2～3 个阶段。若采用两阶段饲养法，0～3 周龄蛋白质水平为 20%～24%，前高后低；4 周龄至出栏为17%～19%。若为三阶段饲养法，0～3周龄蛋白质水平为23%，4～5周龄为20%，6周龄后为18.5%。

肉用仔鸡的饲料配方参见表25，也可参考第五章的典型饲料配方。

表25　肉用仔鸡典型饲粮配方

饲料种类及其营养成分	0～3周龄饲粮配方			4～7周龄饲粮配方		
	1	2	3	1	2	3
玉　米(%)	60.71	63.1	31.0	68.1	49.05	51.58
高　粱(%)	—	—	—	—	15.0	15.0
碎　米(%)	—	—	30.0	—	—	—
米　糠(%)	—	—	—	—	2.0	2.0
豆　饼(%)	14.0	10.0	25.0	20.0	—	—
豆　粕(%)	—	—	—	—	18.5	17.5
棉籽饼(%)	15.0	10.0	—	—	—	—
菜籽饼(%)	—	8.0	—	3.0	—	—
鱼　粉(%)	9.0	7.0	10.0	7.0	7.0	6.0
肉骨粉(%)	—	—	—	—	3.0	3.0
动物油(%)	—	—	1.8	—	4.0	3.8
骨　粉(%)	0.5	1.0	1.5	—	—	—
贝壳粉(%)	—	—	0.5	—	—	—
磷酸氢钙(%)	0.58	0.5	—	1.6	0.7	0.3
碳酸钙(%)	—	—	—	—	0.4	0.5
蛋氨酸(%)	0.11	0.14	—	—	0.1	0.07
赖氨酸(%)	0.1	0.16	—	—	—	—
食　盐(%)	—	0.1	0.2	0.3	0.25	0.25

续表 25

饲料种类及其营养成分	0～3 周龄饲粮配方			4～7 周龄饲粮配方		
	1	2	3	1	2	3
代谢能(兆焦/千克)	12.41	12.28	12.83	12.75	13.10	13.18
粗蛋白质(%)	24.0	21.5	21.3	19.8	20.57	19.70
粗纤维(%)	4.3	4.21	2.4	2.80	2.50	2.40
钙(%)	0.89	0.91	1.21	0.90	1.11	0.99
磷(%)	0.63	0.06	0.71	0.73	0.80	0.70
赖氨酸(%)	1.29	1.49	0.96	1.04	1.01	0.95
蛋氨酸(%)	0.47	0.5	0.42	0.32	0.40	0.35
胱氨酸(%)	0.30	0.35	0.09	0.30	0.30	0.31

注:维生素、微量元素按我国 2004 年标准添加

3. 保证足够的采食量　肉鸡每天用于维持生命活动的需要是固定的。采食量越高,用于维持的饲料消耗所占比例越小,用于生产的比例越大。为了保证肉用仔鸡快速增长的需要,一定要保证每天有足够的采食量。常用的方法是:饲料中添加香味剂,增加饲料的适口性;避免饲喂发霉变质和有异味的饲料;饲喂颗粒饲料。

4. 公、母分开饲养,分期出售　因公、母鸡生理基础上的差异,而表现出一系列的不同。如公鸡生长快,母鸡生长慢。有试验表明,8 周龄公鸡体重较母鸡高 27%,公鸡在 9 周龄,母鸡在 7 周龄后体重的增长开始下降。因此,母鸡出栏较早,公鸡出栏晚。母鸡沉积脂肪的能力强于公鸡,要求的营养水平不同,一般公鸡日粮蛋白质水平较母鸡高。因此,在雏鸡出壳 24 小时内,将公、母分开饲养,喂给不同营养水平的日粮,施以不同的育雏温度,不同时间出栏,可提高鸡群的整齐度和产品的档次,便于饲养管理,节约饲料。

(二)饲养方式

肉仔鸡的饲养方式主要有地面平养、网床饲养、笼养与地面(或网床)结合饲养等多种形式。

1. 地面平养 是在地面铺垫约 10～15 厘米厚的柔软垫料，如麦秸、稻草、锯末等吸湿性强的材料，将料槽、饮水器置于垫料上，若为料桶应均匀吊挂鸡舍内，其高度高出鸡背 2 厘米即可；若为水管供水，饮水乳头应高出鸡头 2～5 厘米；取暖可用暖气、炉火、红外线灯、育雏伞等，鸡在垫料上活动和休息。这种饲养方式鸡群的活动范围较大，地面柔软有弹性，鸡体较健壮，胸囊肿、骨折、腿病等残次品的发生率较低。但球虫病和其他消化道疾病的发病率较高。

2. 网床饲养 用直径为 1～1.5 厘米的竹片或木条钉在木条上，间距为 1.5～2 厘米，上铺弹性塑料网，架高 50～60 厘米，四周用尼龙网或铁丝网围住，网高 50 厘米左右。这种饲养方式，因肉鸡不与粪便直接接触，减少了球虫病的感染机会。同时，消化道疾病明显减少，减少用药费用，鸡群的成活率较高，胸囊肿的发生率较低，是目前肉仔鸡饲养的主要方式。

3. 笼养与地面(或网面)结合式饲养 笼养与地面(或网床)结合饲养法是将肉雏鸡在笼内饲养至 2～3 周龄，然后转移到上述地面或网床上。其优点是节省能源，因为雏鸡前期所需育雏温度高，采用笼育时，使雏鸡集中在较小的范围内，节省燃料，且因胸囊肿主要发生在中、后期，至 3 周龄时转移到网床上，对以后产品的合格率无明显影响，此法大规模肉鸡场可采用。

(三)饲养管理技术关键

1. 严格控制环境条件 饲养肉仔鸡的环境条件不同于蛋鸡，如果完全按照蛋鸡的条件控制，就不能获得理想的效果。

(1)温度　1～3日龄35℃,4～7日龄32℃～33℃,以后每周下降3℃,5周龄达到21℃～23℃恒定至出栏。温度过高,鸡张口喘气,饮水量增加,采食量减少,呼吸加快,运动量减少,生长速度减慢,饲料报酬降低。长时间的高温,使鸡体软弱、消瘦,易患感冒等病。如若温度过低,鸡群过于拥挤,活动量降低,易患消化道疾病(如白痢等)。同时,由于低温,鸡体为了维持体温恒定,而增加维持需要,饲料报酬也降低。严重低温时,常因大量扎堆而造成挤压死亡。

(2)光照　肉仔鸡可采用连续光照或间歇光照的光照方案。连续光照时,第一天给予24小时,从第二天起每天采用23小时的光照,1小时的黑暗,直至出场。光照所要求的强度随年龄的增加而逐渐降低,前2周为10勒(每平方米按2.5～3.5瓦设计),2周后逐渐降低,至1月龄左右使光照强度降到5勒,以能见到采食为宜,以后维持这一水平。间歇光照法是光照1小时黑暗2～4小时,如此交替进行,不仅可省电,还可使肉鸡充分休息,促进肉鸡采食,鸡只生长较快,腿病发生率低,是值得推广的一种方法。

(3)密度　肉用仔鸡的饲养密度高于蛋鸡,进雏时按照30只/米^2,以后逐渐疏散,2千克体重时达到10～15只/米^2,3千克时为8～9只/米^2。密度大小还受品种、饲养方式、温度等的影响,应灵活掌握。

(4)通风　肉鸡饲养密度大,代谢旺盛,对通风换气的要求较高。一般鸡舍通风量以每千克体重每小时3.6～4立方米为宜,但通风量的大小还应随日龄的增加而加大。

2. 科学饲喂　肉仔鸡饲喂采取自由采食的方法,饲喂颗粒饲料,颗粒直径为1～5毫米,随日龄增长而加大。每天加料4次,以刺激采食,料槽要充足,长槽每只鸡占位5厘米,直径38厘米的料桶,饲喂35只鸡,保证每只鸡都有充分的采食机会。

3. 定期称重　每周称重1次,作为调整饲养管理水平的依据。不同阶段的体重及耗料量见表26。

表26 肉用仔鸡不同阶段体重饲料消耗量及耗料增重比

周龄	体 重(克)			累计耗料(克)			耗料增重比		
	公 鸡	母 鸡	混 养	公 鸡	母 鸡	混 养	公 鸡	母 鸡	混 养
1	180	170	175	154	146	149	1.10	1.10	1.10
2	456	424	440	484	458	471	1.20	1.23	1.22
3	839	751	795	1032	939	986	1.43	1.47	1.45
4	1325	1175	1250	1829	1669	1750	1.64	1.72	1.68
5	1890	1650	1770	2911	2606	2761	1.91	1.98	1.94
6	2536	2174	2355	4337	3804	4074	2.21	2.29	2.24
7	3181	2699	2940	5949	5236	5586	2.50	2.73	2.58

引自杨宁主编《家禽生产学》2002年

将称重结果与体重标准比较，若体重过小，应检查一下是饲料还是管理问题，以采取相应措施。

4. 搞好卫生防疫工作

肉用仔鸡的饲养期短，饲养密度大，一旦发病，会很快传播，难以控制，即使得到控制，也会造成难以弥补的损失。因此，要搞好预防免疫和卫生消毒，减少疾病发生。

(1)卫生消毒 要求每周带鸡喷雾消毒2次，常用的消毒液有百毒杀(1：3000～5000)、新洁尔灭(1：1000)、菌毒敌(1：300)、抗毒威(1：400)和1210消毒液等。喷雾的高度以超出鸡背20～30厘米为适。鸡舍门口要有消毒池，常用的消毒液为2%～3%的火碱水。尽量谢绝参观。

(2)免疫接种及预防投药 肉用仔鸡主要接种的疫苗有马立克氏病疫苗、新城疫Ⅱ系苗、克隆-30或Ⅳ系苗、传染性法氏囊病疫苗等，其免疫程序参见表22。除进行正常的免疫接种外，还应在某些疾病的高发期进行预防性投药，如从出壳到 15 日龄应投喂预防鸡白痢的药物如诺氟沙星、恩诺沙星、环丙沙星等；在炎热潮湿的环境下，投喂预防球虫的药物，但所选用的药物应是允许使用的药物，同时注意宰前停喂时间。

5. 加强垫料管理　采用垫料地面饲养方式的鸡群，需要对垫料进行科学管理。首先应选择吸湿性强、柔软的材料，如麦秸、稻草、锯末、刨花等，并将其切短。其次，在地面铺垫 10～20 厘米厚，并保持平整，防止地面暴露或垫料的大量堆积；平时要经常翻动垫料，将粪便抖落到下边，并防止垫料的板结；水槽或水管周围的湿垫料要及时取出，换上干爽垫料；若发现垫料过薄或过于板结，可在上面再铺垫一层。

6. 适时出栏　确定肉鸡出栏时间的主要依据是增重速度、耗料量和体重。肉用仔鸡在 1～2 周龄时相对增重很快，特别是第一周，体重比出壳时增加 3 倍多；按每天增重的绝对量计算，7 周龄时每天的增重量最多，以后随日龄的增加，增重速度减慢。按饲料转化率计算，随着日龄的增加，饲料转化率逐渐降低，8 周龄以后饲料转化率明显降低。考虑到鸡的体重及增重速度和饲料转化率，肉用仔鸡饲养至 7 周龄左右出栏上市为宜。饲养时间过长，增重速度减慢，耗料增加，残次品比例加大。

出栏前应禁食 6～8 小时，但应保证水的正常供应。捉鸡最好在夜间进行，用暗光或蓝光照射，以保持鸡群安静。捉鸡前将舍内所有设备升高或移走，防止捕捉过程中损伤鸡体。捉鸡时尽量保持安静，避免鸡群挤压。每次捉的鸡数不能太多，捉鸡时应抓其小腿以下部位。往笼内装鸡时应轻放，防止向内扔鸡，以免碰撞致伤。运输最好选在夜间，途中尽量防止颠簸，注意通风，各笼间有一定空隙，途中尽量不停留或少停留，以减少死亡。

肉仔鸡其他饲养管理技术参考蛋用雏鸡。

(四)搞好三大疾病的预防

腹水症、猝死症、腿病是影响肉鸡生产的三大疾病。生产上应根据引起的原因采取相应的防治措施。

1. 腹水症 腹水症是以浆液性体液过量聚集在腹腔为特征的非传染性疾病。是危害快大型肉用仔鸡的重要疾病之一。

(1)病因 引起肉鸡腹水症的原因较为复杂,如缺氧、海拔高、增长快、饲料中能量过高、用药不当、喂发霉饲料等均可增加腹水症的发病率。高海拔、饲养密度过大、鸡舍通风不畅,尤其是冬季门窗关闭,鸡舍内二氧化碳、氨、一氧化碳、硫化氢和尘埃浓度增高,导致机体慢性缺氧。快速生长的肉鸡对能量及氧的需要量高;而高能日粮或颗粒料可增加肉鸡的采食量,又使肉鸡消耗能量需氧量增高而发病;磺胺类药物及莫能菌素过量使用,造成对肝、肾等实质器官的损害;饲料保存不当发生霉变,引起鸡体真菌毒素中毒等,导致肝病变,增加毛细血管的通透性,诱发腹水症;呼吸系统疾病或气源污染物等导致肺脏气体交换功能障碍,继而引起肺部血管血压升高。

(2)症状 发生腹水症的病鸡食欲降低,体重下降,腹部膨大,皮肤变薄发亮,用手触摸有波动感,病鸡难以站立,常以腹部撑地,行动艰难,呈"企鹅"状。病鸡常表现反应迟钝,羽毛蓬乱,逐渐消瘦,呼吸困难,捉鸡时常突然死亡。剖检病死鸡可见腹腔内有大量的液体,颜色透明或淡红色不等。肺充血、水肿。心肌松弛,心脏肿大,心壁变薄,心包积液。肝脏充血、肿大,呈紫红色或微紫红色,表面有灰白色胶冻样物。肾充血、肿大,输尿管内有尿酸盐沉着。

(3)预防措施 改善鸡舍环境,保证鸡舍空气新鲜,尽量控制鸡舍氨气的含量;提高鸡舍温度,减少冷应激;经常更换垫料,加强通风,调节光照方案,从 28 日龄后每天给以 12 小时的光照;合理搭配饲料,适当降低日粮中粗蛋白质水平,增加蛋氨酸的含量,适当放慢增重速度，减少饲料中食盐的含量，保证供给充足的维生素E、维生素C和矿物质元素硒、磷，饮水中加入2%的白糖等；停止使用磺胺类药物等。

2. 肉鸡猝死症　肉鸡猝死症(SDS)又称暴死症、急性死亡综合征、翻筋斗病等。是以鸡死前出现共济失调，并发展为强直性惊厥为特征的一种综合性疾病。

(1)病因　引起肉鸡猝死症的原因较多，如营养、光照、防疫、饲养、密度、应激反应等都可以是猝死症发生的原因。饲料中的蛋白质、脂肪含量过高，维生素与矿物质元素配比不合理时，发病率高；生长后期由于采食量大，营养超量摄入，呼吸加快，心脏负担加重，易发生猝死现象；饲喂颗粒饲料的鸡群发病率明显高于饲喂干粉料鸡群。应激状态下发病率和死亡率升高，如调整鸡群、免疫接种、更换饲料、连日阴雨、气候变化剧烈、噪声、光照骤变等。2～3周龄的肉仔鸡发病和死亡率高。

(2)症状　肉鸡猝死症发病高峰在2～3周龄，公鸡发病率为母鸡的3倍。该病的病程短，发病前无明显异常，仔细观察可能会发现患病鸡比正常鸡表现更为安静，采食速度比平时缓慢，排稀便，运动略失平衡；多以生长快，发育良好，肌肉丰满的肉鸡突然死亡为特征；个别鸡常常在饲养员进舍喂料时，突然失控，翅膀急剧煽动或离地跳起15～20厘米，从发病至死亡时间约1分钟；死鸡一般为两脚朝天呈仰卧或腹卧姿势，颈部扭曲，肌肉痉挛，个别鸡发病时有突然尖叫声。死鸡外观体型较丰满，除鸡冠、肉垂略潮红外无其他异常。剖检死鸡，可见嗉囊和肌胃内充盈刚采食的饲料，心房扩张，心脏较正常鸡大，心肌松软，肝脏肿大、质脆、色苍白，肺淤血，胸肌、腹肌湿润苍白，少数死鸡偶见肠壁有出血症状。

(3)预防　预防应采取综合措施。从2周龄开始降低饲料中粗蛋白质含量(一般以19%～20%为宜)，脂肪含量不宜过高，改颗粒饲料为干粉料。饲料中复合维生素的添加量为常量的1～2

倍，可明显减少死亡率。另外，在每千克日粮中添加 300 毫克的生物素，对预防猝死症效果显著；碳酸氢钾饮水每只鸡 0.6 克/日，连用 3 天，可减少本病的发病率。要保持环境的安静与稳定，防止惊吓，避免惊群，尽量减少换料、疫苗接种造成的应激影响。保证鸡舍通风换气，避免环境温、湿度的剧烈变化。控制光照，0～3 周龄每天 12～16 小时，4～7 周龄 18 小时。光照强度控制在 0.5～2 勒。

3. 腿病 腿病被认为是肉鸡生长中存在的严重疾病之一。

(1)病因 肉鸡生长过快，使腿部肌肉与骨骼之间发育不平衡，到生长后期，由于体重较大，当站立时全部由腿支撑，出现腿变形；肉鸡营养不良，缺少维生素 B_2、维生素 E、维生素 D、钙、磷、锰、硒等，可引起腿变形、脱腱等症。细菌或病毒感染后，易患化脓性关节炎、病毒性腱鞘炎。另外，还有一些遗传因素导致的疾病，如胫骨软骨发育异常、脊椎滑脱症等。总之，引起腿部疾病的原因很多，生产上应从多方面采取预防措施。

(2)症状 腿变形(O 形或 X 形)、关节肿大或感染、脱腱等。

(3)预防 保证饲料营养的全面与平衡，防止矿物质和维生素的不足，钙、磷比例要适当，特别注意预防日粮中钙、锰、维生素 D、维生素 B_2 等的缺乏。搞好鸡舍的卫生与消毒，最好每周带鸡消毒 2 次，疫期增加消毒次数，对已经患腿病的肉鸡应及早隔离，精心管理，适时出售，以减少经济损失。适当加强肉鸡运动，采用少喂勤添的饲养方式延长采料和活动的时间，以增加腿部肌肉和骨骼的力量；做好病毒性关节炎的预防工作。

二、肉种鸡饲养管理

(一)生产特点

肉用种鸡生长速度快，体重大，活动量小，如果饲养管理不当，容易引起过肥，使繁殖性能降低。因此，对肉用种鸡要适当限饲，防止过肥，结合适当的光照，使其适时开产，并维持较高的产蛋率，保证多产受精的合格种蛋，为生产提供较多的肉用仔鸡。

经现代育种方法培育出的肉鸡品种，平均6～6.5月龄开产，年产蛋180个左右，产蛋期存活率90%以上，高峰期产蛋率及入孵蛋孵化率均在85%左右，每只种母鸡每年可提供肉用仔鸡约140只。

(二)饲养方式

1. 育雏期的饲养方式　育雏期肉种鸡的饲养方式可采用笼育、网育或垫料平育。

笼育雏鸡是目前采用较多的育雏方式，为四层叠层式笼，每架笼养100只雏鸡，饲养密度为12～15只/米^2。每架笼的外形尺寸为：1 000毫米×100毫米×1 720毫米，每层高为335毫米，层与层间有58毫米的缝隙放承粪板，腿高200毫米。每层可育雏鸡25只。育雏2～3周后转到地面或网床上饲养。

网床及厚垫料育雏与饲养肉用仔鸡相同。

2. 育成期的饲养方式　育成期肉种鸡的饲养也分地面厚垫料饲养、网床饲养和笼养等几种形式。

垫料及网床饲养与肉用仔鸡基本相同，笼养时的鸡笼多为三层全阶梯式，底网镀塑，每架笼由6个单笼组成，每个单笼的外形尺寸为：186厘米×44.5厘米×32.5厘米，中间有侧网将其分为2个单元，每个单元养7只育成鸡，整组笼可容纳84只。育成期采用笼养尤其要注意防止种鸡过肥，搞好限制饲养，结合适宜的光照，控制种鸡适时开产。

3. 产蛋期的饲养方式　肉用种鸡产蛋期的饲养方式主要有板条—垫料混养、全地面垫料饲养两种形式。

板条—垫料混养的管理方式较为普遍，它是沿鸡舍长轴靠墙的两侧 2/3 的地面设漏缝板条（竹板或木板），1/3 地面铺垫料。板条宽 2.5～5 厘米，间隙为 2.5 厘米，距地面高 50～60 厘米，种鸡在板条上栖息、采食和饮水，粪便掉落到板条下，一个产蛋周期过后再清理粪便。1/3 垫料地面供种鸡配种时使用。产蛋箱一端架在板条地板的外缘，一端悬吊在垫料地面的上方。这种饲养方式有利于种鸡的运动和交配，鸡较健壮，种蛋受精率较高；因大部分鸡粪掉在板条下，鸡不与粪便直接接触，感染疾病的机会较少；饲养密度较大，平均为 4.3 只/米^2，但略低于地面平养。种蛋受精率稍高于地面平养。若平时经常在地面撒些谷粒，任鸡采食，可促进鸡的运动，保证良好的种用体况。

全地面垫料饲养方式是在地面铺垫 10～15 厘米厚的柔软垫料，鸡采食、饮水、运动、产蛋和交配均在地面上。这种饲养方式的饲养密度较大（比混合地面），鸡出现的意外损伤较少，在冬季鸡舍较温暖，但对垫料的管理要求严格，防止潮湿和板结，及时翻挑、加厚或更换。否则，种鸡因长期在坚硬、潮湿、布满粪便的地面活动易患疾病，胸囊肿的发病率较高。因此，这种饲养方式在大型种鸡场较少采用。

（三）饲养管理技术关键

1. 育雏期的饲养管理 肉用种雏鸡与蛋用雏鸡比较，增重速度更快，但羽毛生长较慢，此时对营养的要求更高，同时前期（3 周龄前）的育雏舍温度较蛋用雏鸡高 1℃。肉用种鸡育雏前的准备、对其他环境条件的要求、及具体饲养管理要点与蛋用雏鸡基本相同。

（1）加强垫料管理 若为地面垫料平养，应保持垫料的柔软、干燥、不露地面。为达到这一目的，应选择柔软、吸湿能力强的垫料，如麦秸、稻草、锯末等；防止水槽或饮水器漏水，加大通风量；对已板结、潮湿的垫料应及时挑出，更换为新的垫料。

(2)按照营养需要合理搭配饲料　关于肉用种鸡育雏期的营养需要见前营养与饲料部分。这一阶段的饲料配方为：玉米40%，小麦23%，麸皮3%，豆饼21.2%，鱼粉10%，骨粉1%，贝壳粉0.5%，食盐0.3%，维生素、微量元素、氨基酸等添加剂1%。

(3)经常监测体重和耗料量　生产上一般每周称重1次，每次称得的鸡数不能少于5%～10%。肉用种鸡育雏期的体重及耗料量可参考表27。

表27　肉用种鸡育雏期的体重及耗料量

周　龄	公鸡体重 (克)	母鸡体重 (克)	日耗料 (克/只)
1	150	140	30
2	250	220	—
3	460	410	33～37
4	580	500	—
5	680	590	—
6	820	640	47～50

（表内部分数字来源于美国《商品鸡生产手册》1990年版）

(4)进行种鸡的选留与淘汰　6周龄体重与成年体重及其后代的增重速度有较强的正相关，即6周龄体重大时，将来成鸡的体重很可能也较大，其后代的增重速度较快。因此，6周龄时应淘汰体重过小、有病和残疾的个体。

(5)进行公、母分群饲养　因公、母鸡的生长速度不同，采食量和速度不同，对环境条件的要求不同，为了便于区别对待和管理，育雏期应将公、母鸡分开饲养。若采用自然交配，至18～19周龄时再混群；若为人工授精就没有混群的必要。

2. 育成期的饲养管理　育成期肉用种鸡的饲养管理尤其重

要，这一时期身体的绝对增重较快，沉积脂肪的能力增强，性器官的发育处于旺盛时期。此期饲养管理的关键是限制饲喂和光照，使其具备良好的种用体况，达到适时开产。若不注意控制体重、限制饲养和光照，往往引起早产，早产则早衰，蛋重小，产蛋率低，鸡死亡淘汰率高。因此，限制饲养，控制光照，可有效地控制母鸡性成熟，减少死亡淘汰数，提高种鸡的生活力、产蛋率和种蛋受精率，延长使用时间，节约饲料。

（1）限制饲喂　育成期种鸡的限饲主要根据体重的变化确定限饲的程度。超重越多，限饲的量也越大；若体重与标准体重相吻合，则不限饲；若体重低于标准体重，不但不能限饲，反而要加强饲养管理。育成期每周的体重及耗料量见表28。

表28　育成肉种鸡体重及耗料量

周　龄	母鸡平均体重（克）	公鸡平均体重（克）	母鸡日耗料（克/只）
7	820	1050	50
8	910	1185	53
9	1000	1305	56
10	1090	1415	59
11	1181	1526	62
12	1170	1630	65
13	1360	1745	68
14	1475	1850	72
15	1585	1960	76
16	1700	2070	80
17	1815	2180	85

续表 28

周　龄	母鸡平均体重（克）	公鸡平均体重（克）	母鸡日耗料（克/只）
18	1930	2290	90
19	2050	2400	95
20	2200	2755	101

上述每日耗料量不是自由采食量，是经生产实践总结出的一个限饲喂量。其限饲的方法较多，如每日限饲，即每天饲喂，但喂量较少，按表中的量供给；隔日限饲，即 1 天不喂，1 天自由采食；“五二”限饲，即 1 周喂 5 天，自由采食，2 天不喂食（一般星期三、星期日不喂）；“五二”限饲与每日限饲结合法，即星期三、星期日不喂，其他时间限饲等，但采用较多的是“五二”限饲法及其与每日限饲的结合法。

限饲时应注意几个问题。

第一，在限饲前将鸡进行强弱分群，将体重较小、瘦弱的个体隔离出来单独饲养，不作为限饲的对象。

第二，限饲过程中经常称重，当发现体重还是超标，应加大限饲的力度；若体重低于标准体重，应适当加大饲喂量。

第三，限饲过程中鸡易患啄癖，为避免伤残，应减小光照强度，在 6～9 日龄时断喙。

第四，限饲过程中若发现鸡群发病，应立即停止限饲，改为自由采食。

第五，要保证每只鸡都有足够的采食和饮水位置，每只鸡的料槽位置 10 厘米，水槽位置为料槽的 1/2；若为圆形料盘和饮水器，每 100 只鸡用 7 个料盘，用直径为 30～35 厘米的饮水器 2 个，以保证每只鸡都有同等的采食和饮水机会，有效地防止体重大小不一和发育不整齐。

第六，若为垫料饲养时，应保持垫料的清洁和干燥，防止鸡因过度饥饿采食异物，引起消化道疾病。为保证良好的限饲效果，最好从 4 周龄时就开始限饲。

（2）进行种鸡的选留与淘汰　育成鸡饲养至 18～19 周龄，由育成舍转入成年产蛋鸡舍，结合转群，进行种鸡的选留与淘汰。种母鸡应体质健康、无病，体重大小适中，外貌符合品种特征，无残疾和缺陷；种公鸡除具有品种特性外，还应雄性强，鸡冠和肉垂发达、红润，尤其强调不能有眼疾。

3. 产蛋期的饲养管理　产蛋期肉用种鸡饲养管理技术关键是防止身体过肥，保持良好的种用体况，创造适宜的环境条件，保证种鸡多产合格种蛋。

（1）配备足够的产蛋箱　产蛋箱宽、深各 35 厘米，箱内有柔软垫料。每 4 只鸡 1 个产蛋箱。

（2）混群　20 周龄左右将留种的公鸡按照要求的比例混入母鸡群。公、母分别饲喂，母鸡用料槽，上有隔鸡网，只允许母鸡头部伸入，公鸡不能进入；公鸡用料桶吊高，母鸡不能够到。

（3）适时转群　种鸡饲养至 18～19 周龄就应将其转入成年产蛋鸡舍，转群的时间最晚不能超过 20 周龄。转群前 1～2 天在饲料中多加 1～2 倍的维生素，按饮水量加入 0.9%食盐。选择在气温较适宜的时间。每次捉鸡数不能太多，以防损伤。转群后的头 1～2 天采用全光照，让其熟悉饮水、采食的位置及周围环境，并注意观察鸡群的表现。

（4）延长光照　20 周龄左右开始延长光照，至 30～34 周龄时延长到每天 16 小时。增加光照强度，由原来的 5～10 勒增加到 30 勒。

（5）严格控制体重和喂料量　每周称重 1 次。白羽父母代肉种鸡产蛋期耗料量及体重见表 29。

表 29 白羽父母代肉种鸡产蛋期耗料量及体重

周 龄	体 重 (克)	每周增重 (克)	日喂料量 (克/只)
21	3245	200	125.2
22	3404	159	132.1
23	3559	155	137.9
24	3714	155	140.6
25	3818	104	141.1
26	3907	90	142.0
27	3998	90	142.8
28	4088	91	143.4
29	4179	91	143.9
30	4250	71	144.3
31	4272	22	144.5
32	4296	23	144.8
33	4318	22	144.9
34	4341	23	145.1
35	4364	23	145.3
45	4546	18	148.5
55	4730	18	153.2
65	4925	18	158.2

引自杨宁主编《家禽生产学》2002

(6)加强种蛋管理 保证产蛋箱内有柔软垫料,并注意清洁卫生;及时捡蛋,每天捡 4 次;及时消毒种蛋。

思 考 题:

1. 怎样做好肉仔鸡腹水症、猝死症和腿病的预防工作?
2. 怎样做好肉种鸡的饲养管理?

第八章　优质蛋鸡与肉鸡生产技术

分布在我国不同地区的地方品种，多为兼用型鸡，具有适应性强、耐粗饲、抗病力强、蛋品质好、营养价值高、肉质鲜嫩、味道鲜美等优点，深受广大消费者喜爱。人们把以产蛋为主的地方品种称为优质蛋鸡(柴鸡、土鸡)；以产肉为主的地方鸡种及其杂交种称为优质肉鸡(主要是黄羽肉鸡)。

一、优质蛋鸡生产

(一)饲养方式

优质蛋鸡在育雏期的饲养方式与普通蛋鸡没有区别，但进入育成和产蛋期，主要采用放牧饲养或半舍饲的饲养方式。

(二)营养与饲料

地方蛋鸡品种与引入高产蛋鸡相比，体型较小，产蛋量低，蛋重小，蛋品质优良。因此，对粗蛋白质、能量、矿物质等营养的需求量较低，一般育雏期饲料蛋白质含量 17%，产蛋高峰阶段为 16.5%左右，其他营养的确切需要量有待进一步研究。目前，只是在普通蛋鸡饲养标准的基础上适当降低。有的柴鸡场直接饲喂高产蛋鸡饲料，使鸡体重过大，鸡体过肥，对产蛋不利。为了保证柴鸡蛋的品质，可在饲料中加入 1%～2%的人工养殖的蝇蛆、蚯蚓等，还可用诱虫的方法诱捕野生昆虫。

(三)饲养管理技术关键

地方鸡种育雏期的饲养管理可参考普通蛋用雏鸡的培育。育成、成年阶段的饲养管理技术关键如下。

1. 调教 对于放牧饲养的鸡群，在出壳后就应进行调教和训练，以便今后饲养管理。方法是每次饲喂前，饲养员吹哨子，随后饲喂，这种程序坚持下去，以后再遇到哨声，鸡群马上可被召回。

2. 训练上栖架 放牧饲养和半舍饲鸡群，30 日龄后夜间需要上栖架，开始有部分鸡不能攀上，且每只鸡的位置不固定，应当适当增加夜间光照，待鸡群全部上架后关灯，如此坚持 3～5 天，鸡群便可自动上架。一般每只鸡的栖架位置为 17～20 厘米。

3. 备足产蛋箱，训练产蛋 平养鸡群不同于笼养鸡群，产蛋需要在产蛋箱内，部分刚开产的鸡随地产蛋，久而久之形成恶癖，难以改正。因此，开产前，在产蛋箱内放完整的空蛋壳，待 80％的鸡开产后，可撤掉空蛋壳。对于个别到处下蛋的鸡，每次产蛋前强行关入产蛋箱，产完蛋后再放出，坚持 5～7 天可改变恶习。为了保证产蛋，一般要求每 5～6 只母鸡设 1 个产蛋箱。

4. 补饲 放牧饲养的鸡群，根据每天采食野生饲料的多少，予以补饲。一般每天补饲 2 次，第一次在每天上午的 10～11 时。鸡群早晨天亮开始放牧，10 时后逐渐回巢，视嗉囊的充实程度给予补充。第二次在晚上归巢时，这一次一定要补充饱，冬天可适当加些粒料，如玉米、小麦、高粱等。

5. 防止就巢 地方鸡种往往保留着就巢性(抱窝)，鸡就巢时就要停产。防止抱窝的方法是逐渐淘汰就巢性强的母鸡，减少母鸡在产蛋箱内停留的时间，避免鸡在产蛋箱内过夜，当发现有的鸡有就巢行为时，应隔离出来，放入凉爽的房间，用强光照射或用公鸡追逐，待醒抱后放回。

6. 适时放鸡和归巢 冬季早、晚气温较低，应晚放早归，但应保证放牧前和归巢后的饲喂；夏季早放晚归，注意中间的饮水和遮阳。注意收听天气预报，雷雨到来之前让鸡回巢，一旦不能回巢，暴雨会将鸡淋死或被雨水淹死。这部分损失在放牧饲养鸡群比例很大。

7. 补充光照　为了保证产蛋，应当保证产蛋季节每天的光照时间达到16小时。所以，鸡舍应安装照明设备。补充人工光照的同时，应补充饲料和饮水。

8. 防止兽害　放牧饲养鸡群的天敌是黄鼠狼、老鹰等，应当有防范措施。如经常有人巡视鸡群，发现兽害迅速制造声音将其吓跑，设稻草人，养狗等。

关于柴鸡的其他饲养管理方法和措施见蛋鸡有关部分。

二、优质肉鸡生产

目前饲养的优质肉鸡多为地方品种或杂交品种，羽毛多为黄色。所以，人们常把黄羽肉鸡称为优质肉鸡。优质黄羽肉鸡公鸡饲养8～9周龄，体重达到1 600～1 800克，料肉比为2～2.2∶1；母鸡饲养13周龄，料肉比为2.5～2.8∶1。耐粗饲，适应性强。因为优质黄羽肉鸡在生长速度、肌肉品质、消化代谢方面不同于快大型肉鸡和蛋鸡，所以在饲养管理上有一些特殊的要求。与快大型肉鸡相比，其具有肉味鲜美，肉质细嫩滑软，肌间脂肪分布均匀，肌纤维细等优点，虽然其生长速度较慢，但其产品的价格较高。

优质肉鸡育雏阶段的饲养管理参见蛋用雏鸡培育。肥育阶段饲养管理的特殊要求如下。

（一）饲养方式

优质黄羽肉鸡生产可采用舍饲、半舍饲、放牧饲养等多种形式。舍饲又分为厚垫料饲养法、栅养或网养、笼养、混合饲养。

(二)舍饲优质肉鸡的饲养管理技术关键

1. 严格控制饲养密度 黄羽肉鸡不同饲养方式的饲养密度见表30。

表30 黄羽肉鸡不同饲养方式的饲养密度

日 龄	密度(只/米^2)		
	地面平养	网床饲养	立体笼养
1～30	30	35	45～60
31～60	15	20	25～30
61～100	8	10	12～15

2. 正确断喙 舍饲优质肉鸡容易出现啄癖现象,所以应断喙。方法见蛋用雏鸡有关内容。

3. 定期称重 每周称重1次,不同阶段体重及耗料量见表31。

表31 商品代黄羽肉鸡体重及料肉比

周 龄	体重(克)		料肉比	
	公	母	公	母
1	110	110	1.4∶1	1.4∶1
2	220	220	1.5∶1	1.5∶1
3	400	400	1.6∶1	1.6∶1
4	550	550	1.7∶1	1.7∶1
5	800	800	1.8∶1	1.8∶1
6	1100	850	1.8∶1	2.0∶1
7	1400	1050	1.9∶1	2.1∶1

续表 31

周　龄	体重(克)		料肉比	
	公	母	公	母
8	1650	1250	2.0∶1	2.2∶1
9	1800	1450	2.1∶1	2.3∶1
10	—	1550	—	2.5∶1
11	—	1700	—	2.7∶1
12	—	1850	—	2.8∶1
13	—	1950	—	2.9∶1
14	—	2080	—	3.0∶1

（引自杨宁《家禽生产学》，2002）

4. 定期接种疫苗　商品代优质肉鸡免疫程序见表 32。

表 32　商品代优质肉鸡免疫程序

日　龄	疫　苗	接种方法	备　注
1	马立克 CVI 988 细胞结合苗	颈部皮下注射	接种后需隔离 1 周
7	新城疫、传支、肾传二价三联苗	滴鼻或点眼	污染区可提前 2 日
12	法氏囊中等毒力苗	饮水或滴鼻	饮水中加入 0.5%脱脂奶粉
18	支原体冻干苗	点　眼	非疫区不使用
22	法氏囊中等毒力苗	饮水或滴鼻	—
30	新城疫Ⅳ系＋传支苗 H_{52}，新、肾二联油苗	点眼、滴鼻，皮下注射	—

续表 32

日 龄	疫 苗	接种方法	备 注
35	传染性喉气管炎苗、鸡痘苗	滴鼻、点眼、翅膜刺种	疫区鸡痘苗可提前刺种
40	禽流感疫苗	肌内注射	—
45	传染性鼻炎油苗	肌内注射	疫区使用
60	新、肾二联油苗	肌内注射	—
70	支原体油苗	肌内注射	疫区使用

5. 适时出栏 优质黄羽肉鸡出栏的适宜时间是：公鸡饲养8～9周龄，体重达到1.6～1.8千克；母鸡饲养13～14周龄，体重达到1.8～2千克。

舍饲优质肉鸡的其他饲养管理技术参考快大型肉用仔鸡。

(三)半舍饲及放牧饲养优质肉鸡的饲养管理技术关键

半舍饲或放牧饲养方式多用于饲养地方土种鸡。公鸡一般饲养3～4月龄，体重达到1.5～1.75千克上市，母鸡多饲养500天，经过1个产蛋期后再淘汰，作为肉鸡出售。

优质肉鸡的半舍饲及放牧饲养技术关键参考优质蛋鸡。

思 考 题：

1. 优质蛋鸡饲养管理技术关键是什么？
2. 怎样饲养管理优质肉鸡？

第九章　鸡病防治

当前鸡病发生的特点是发病频繁，混合感染，呼吸道疾病多，用药效果不明显，难以控制。造成这一后果的主要原因是鸡舍环境差、鸡群管理不科学、体质弱、卫生消毒制度不健全和免疫失败。要扭转这种局面，必须采取综合的疾病预防措施。

一、鸡病综合预防措施

现代化养鸡饲养密度较大，个别鸡一旦发病，很快在全群传播开来，并且难以控制，即使治疗，用药量大，投资高，效果不理想。因此，为了减少疾病的发生，提高鸡群健康水平，应当坚持“以防为主，防重于治”的原则，着眼于卫生防疫工作，采取综合预防措施。

(一)建立科学的饲养管理体系

1. 实行全进全出　育雏鸡、育成鸡、成年产蛋鸡以及商品肉用仔鸡、肉用种鸡全部实行全进全出制，即同一日龄进舍，同一日龄出舍。鸡群转群、出栏或淘汰后，对鸡舍进行彻底的清扫消毒，空置1～2周后再进下一批鸡。

2. 仔细观察鸡群　主要观察精神、采食及饮水、粪便，发现异常应及时查找原因。

3. 隔离饲养　不同生产目的、不同鸡场应保持一定距离，防止疾病传播。

(二)建立健全卫生消毒制度

健全的卫生消毒制度,可将90%以上的病原微生物杀灭。但是,目前很多养鸡场对此并不很重视,甚至有些个体养殖户根本就没有消毒措施。因此,疾病频繁发生,用药量巨大,成本增加。鸡场卫生消毒是日常管理的重要环节,是控制和消灭病原微生物、防止鸡群发病的有效措施,包括鸡场环境、鸡舍、设备及用具、人员等多个环节的消毒。

(三)加强饲养管理,提高健康水平

饲料营养水平、饮水质量、饲养密度、通风换气、环境温度、粪便和污物处理、生产管理制度、技术操作程序等对鸡群的免疫力和抗病力均有影响,完善的饲养管理制度,可使鸡体健康水平提高,抗病力增强,发病率降低。因此,提供全价而平衡的日粮,建立科学的管理制度,创造适宜的环境条件,就可起到预防疾病的作用。

二、免疫接种及预防性投药

(一)免疫接种

1. 免疫的目的及意义 免疫是通过给鸡体接种某种抗原物质(疫苗或菌苗),刺激鸡体使之产生特异性抗体,从而提高鸡群对该种病原微生物侵袭的抵抗力,达到预防此病的目的,减少发生该种疾病的机会。

2. 常用疫苗 常用的疫苗(或菌苗)有马立克氏病疫苗、禽流感疫苗、新城疫疫苗、传染性法氏囊病疫苗、禽痘疫苗、传染性支气管炎疫苗、传染性喉气管炎疫苗、传染性鼻炎疫苗、鸡减蛋综合征疫苗、禽脑脊髓炎疫苗、禽霍乱疫苗、大肠杆菌病疫苗等。

3. 疫苗的接种方法

疫苗的接种方法主要有注射、饮水、滴鼻、点眼、气雾、刺种、口服等，在使用前一定要认真阅读疫苗使用说明书，按其所注明的方法接种。

(1)注射法　分为肌内注射和皮下注射，肌内注射的位置一般选在胸肌、腿肌(外侧)等肌肉较发达的部位，胸肌注射时选择胸肌最发达的部位，针头斜向扎入，防止因注入太深刺伤内脏器官导致死亡；腿肌注射选在外侧血管、神经较少的部位，避免造成跛行。皮下注射是将疫苗注射在皮下，常选择在皮肤较松弛的部位，如颈部皮下等。注射时用大拇指与食指捏起颈部皮肤，将注射器针头扎入两层皮之间，然后注入药液。

(2)饮水法　将疫苗按要求的浓度配成水溶液，让鸡饮服。饮水免疫时应准备充足的饮水器，饮水前停水 2～3 个小时(冬季适当延长停水时间)，疫苗稀释后 30 分钟内饮完，饮苗水前后 24 小时内禁止饮服高锰酸钾或含漂白粉的自来水，杜绝经水投服其他药物。

(3)点眼、滴鼻法　用滴管吸取已稀释好的疫苗，滴入鸡的眼内或鼻孔中。接种时应注意确实将疫苗滴入眼或鼻中。

(4)气雾法　用高压喷雾器将疫苗喷洒于鸡头方向，距鸡头上方 50 厘米高，气雾粒子直径以 30～50 微米为宜，鸡可通过呼吸道吸入疫苗。气雾法只能用于 60 日龄以上的鸡，免疫时应关闭所有的通风口，15 分钟后再打开。另外，操作人员要做好自身的防护工作，如带上防毒面罩或口罩，穿上防毒服装等。

(5)刺种法　用消毒的蘸水钢笔尖或刺种针蘸取已稀释好的疫苗，刺于鸡的翅内侧无血管区的皮下，旋转半圈，适用的疫苗有鸡痘疫苗等。接种后 5～7 天对接种效果进行检查，方法是打开鸡的翅膀，观察接种疫苗部位，若发现已结痂则说明接种成功，否则应重新接种。

另外，还有一些其他的免疫方法如毛囊刺种、肛门涂抹等，因使用较少，不再介绍。

4. 免疫程序 根据本地区、本鸡场、该季节疾病的流行情况、鸡群状况、疫苗特性规定应接种的疫苗种类、接种方法和途径、接种时间称为免疫程序。每一鸡场都有适合于自己的免疫程序，所以场与场之间是有差异的。鸡群与鸡群之间也有差异。

表 33 至表 35 分别列出种鸡（包括蛋、肉种鸡）、商品蛋鸡、肉用仔鸡的免疫程序，供参考。

表 33 种鸡免疫程序

日 龄	疫 苗	接种方法	备 注
1	马立克 CVI 988 细胞结合苗	颈部皮下注射	接种后需隔离 1 周
7	新城疫、传染性支气管炎、肾型传染性支气管炎二价三联苗（CLONE 30＋H_{120}＋28/86）	滴鼻或点眼	污染区可提前 2 日
12	传染性法氏囊中等毒力苗	饮水或滴鼻	饮水中加入 0.5%脱脂奶粉
18	支原体冻干苗	点 眼	非疫区不使用
22	传染性法氏囊中等毒力苗	饮水或滴鼻	—
30	新城疫Ⅳ系＋传染性支气管苗 H_{52} 新城疫、肾型传染性支气管炎二联苗	点眼、滴鼻 皮下注射	—
	传染性喉气管炎疫苗．鸡痘苗	滴鼻、点眼、翅膜刺种	疫区鸡痘苗可提前刺种

续表 33

日　龄	疫　苗	接种方法	备　注
45	传染性鼻炎油苗	肌内注射	—
55	禽流感疫苗	肌内注射	—
60	新城疫、肾型传染性支气管炎二联油苗	肌内注射	—
70	支原体油苗	肌内注射	疫区使用
90	传染性喉气管炎疫苗	点　眼	—
100	大肠杆菌油苗	肌内注射	疫区使用
120	新城疫、传染性支气管炎、减蛋综合征三联油苗或新城疫、减蛋综合征二联油苗	肌内注射	—
125	禽流感疫苗	肌内注射	—

注：产蛋后，每 1.5～2 个月饮新城疫Ⅳ系疫苗 1 次，每 3 个月接种禽流感疫苗 1 次。或根据抗体水平确定疫苗接种时间

表 34　商品蛋鸡免疫程序

日　龄	疫　苗	接种方法	备　注
1	马立克 CVI 988 细胞结合苗	颈部皮下注射	接种后需隔离 1 周
7	新城疫、传染性支气管炎、肾型传染性支气管炎二价三联苗（CLONE 30＋H_{120}＋28/86）	滴鼻或点眼	污染区可提前 2 日
12	传染性法氏囊中等毒力苗	饮水或滴鼻	饮水中加入 0.5%脱脂奶粉

续表 34

日　龄	疫　苗	接种方法	备　注
22	传染性法氏囊中等毒力苗	饮水或滴鼻	—
30	新城疫Ⅳ系＋传染性支气管炎苗 H_{52}，新、肾二联油苗	点眼、滴鼻，皮下注射	—
45	传染性鼻炎油苗	肌内注射	疫区使用
55	禽流感疫苗	肌内注射	—
60	新城疫、肾型传染性支气管炎二联油苗	肌内注射	—
100	大肠杆菌油苗	肌内注射	疫区使用
115	禽流感疫苗	肌内注射	
125	新城疫、传染性支气管炎、减蛋综合征三联油苗，或新城疫、减蛋综合征二联油苗	肌内注射	—

注：产蛋后，每 1.5～2 个月饮新城疫Ⅳ系疫苗 1 次，每 3 个月接种禽流感疫苗 1 次。或根据抗体水平确定疫苗接种时间

表 35　商品肉用仔鸡免疫程序

日　龄	疫苗种类	接种方法
1	马立克氏病疫苗	颈部皮下注射
7	新城疫Ⅳ系(Lasota)、传支 H_{120}	点眼或滴鼻
14	新城疫Ⅳ系(Lasota)	点眼或滴鼻
14	传染性法氏囊病疫苗	饮　水

续表 35

日　龄	疫苗种类	接种方法
21	传染性法氏囊病疫苗	饮　水
35	新城疫Ⅳ系(Lasota)、传染性支气管炎 H_{52}	点眼、滴鼻或饮水

5. 免疫时应注意的问题　为了保证免疫效果，在制定免疫程序及免疫过程中，应注意以下问题。

第一，根据当地疫病的流行情况确定接种疫苗的种类。疾病的流行和发生有一定的地域性，如果该地区始终没有某一疾病发生过，就不要进行此种疫苗的接种，因为有些活苗接种后等于给鸡群和鸡场带来了病原，以后必须每一批都要接种，否则就要发病。

第二，接种疫苗的时间要适宜。确定疫苗接种时间的最科学方法是根据体内抗体水平的高低，而抗体水平的高低又受母源抗体高低、疫苗特性、鸡群健康状况等的影响。雏鸡体内母源抗体水平高、疫苗作用时间长、鸡群产生抗体的能力强时，接种疫苗的时间可延长。相反，应提前接种。有条件的鸡场应经常检测鸡体内抗体的高低，以此作为确定接种时间的依据。

第三，疫苗的质量要保障，接种方法要适当。每一种疫苗都有其特定的保存环境、保存期，在使用时一定要严格按要求保管，坚决杜绝使用过期或失效的疫苗。购疫苗应从保质量、守信誉的大厂家直接进货，尽量减少中间环节。接种前应认真阅读使用说明书，按说明的方法接种。

第四，尽量减少接种应激。接种疫苗本身是一种应激因素，或多或少会给鸡带来影响。为了减小这种应激作用，在免疫前后2～3天增加饲料中维生素的含量(一般增加2～3倍)。在接种疫苗的同时不要进行断喙、转群、换料等工作，否则将影响抗体的产生。

(二)预防性投药

有些疾病的发生具有明显的流行特点，如年龄、季节、环境条件等，当鸡群处于这种不利状态时，往往容易发生此病，而这类病又无有效的疫苗进行预防。所以，在发病之前，进行预防投药是控制疾病的有效方法，属于此类情况的疾病有鸡白痢、鸡球虫病、大肠杆菌病等。

鸡白痢在雏鸡15日龄前容易发病，且危害较大。因此，对15日龄前的雏鸡要进行白痢预防；球虫病主要对15～60日龄间的雏鸡危害较大，且在闷热、潮湿、卫生条件差的环境下易发生，所以，应对处于这一阶段、且采取地面饲养的雏鸡进行球虫病的预防投药；大肠杆菌病在卫生条件差时容易发生，所以在鸡舍环境条件差时，要进行大肠杆菌病的预防。另外，在转群时，由于捉鸡对鸡造成较强烈的刺激，机体抗病力下降，要在饲料或饮水中加入2～3倍量的维生素和适量的抗生素，防止疾病暴发。

三、鸡常见病防治

(一)传染病

1. 鸡新城疫　又称鸡瘟，是由病毒引起的烈性传染病，各种年龄、季节的鸡都可发生，死亡率高达80%以上。近几年发生的鸡新城疫呼吸症状明显，其他症状不典型，形成了人们所称的非典型性鸡瘟，死亡率较低。

(1)*病原*　为鸡新城疫病毒。该病毒在潮湿、寒冷的环境中存活时间较长，但抗热、抗干燥能力较差，加热到100℃时1分钟、日光照射30分钟可将其杀死。2%氢氧化钠溶液、威岛牌消毒剂、百毒杀、抗毒威、过氧乙酸、1%来苏儿溶液、漂白粉、3%石炭酸溶液等对其具有较好的杀灭作用。

(2)症状及剖检 突然死亡的鸡没有任何症状。病程延长时,可见呼吸困难,发出“咯咯”声,倒提时口腔内有黏液流出,排白绿色稀便,有时带血,有的鸡出现神经症状,如跛行、一肢或双肢瘫痪、头向后仰或转圈等。近几年发生的鸡新城疫呼吸症状明显,其他症状不典型,死亡率较低。剖检时可见腺胃黏膜或乳头出血,腺胃与肌胃、腺胃与食管交界处有出血斑或出血带,腺胃角质膜下有出血或溃烂,小肠黏膜出血或坏死,盲肠扁桃体肿大,气管黏膜充血或出血,心内、外膜有点状出血。

(3)诊断 根据症状及剖检可基本做出准确判断,但更精确的诊断此病还需要进行实验室诊断,如病原学诊断法、血清学诊断法、血凝抑制试验等,其中血凝抑制试验使用较为广泛。

(4)治疗 目前尚无特效药,若发病后紧急接种疫苗,对控制病情发展有较好的作用。方法是 2 月龄以内的雏鸡用新城疫Ⅱ系或Ⅳ系弱毒苗饮水;2 月龄以上的鸡群可注射Ⅰ系中毒力疫苗。

(5)预防 预防本病的最好方法是接种疫苗。接种方法是:种鸡及商品蛋鸡 7～10 日龄用Ⅱ系或Ⅳ系苗滴鼻、点眼,隔 25 天左右用同样的方法进行二免,60 日龄Ⅰ系(或油苗)肌内注射,120～130 日龄肌内注射新城疫、减蛋综合征二联苗。有的鸡场进入产蛋期,每 2 个月饮 1 次鸡新城疫Ⅱ系或Ⅳ系苗,收到了较好的预防效果。肉用仔鸡 7～10 日龄首免,25～30 日龄二免。

2. 马立克氏病 马立克氏病是危害养鸡业的另一种烈性传染病,鸡最易感。多发生于 2～5 月龄的鸡,无季节、性别、品种之别。

(1)病原 为马立克氏病毒。该病毒对环境条件和消毒药物的抵抗力较差,一般的消毒药物如 0.2%过氧乙酸溶液、5%甲醛溶液直接喷洒或熏蒸,3%来苏儿溶液、2%火碱溶液等对其均有较好的消毒效果。

(2)症状及剖检　本病主要分为神经型、内脏型、眼型、皮肤型四种。

神经型的主要侵害外周神经。当侵害到坐骨神经时，一腿或两腿麻痹，一脚向前，一脚向后，呈"劈叉"姿势；侵害到臂神经和翅神经时，翅膀下垂，呈"穿大褂"形；颈部神经受害时，则头颈歪斜。剖检时可见受侵害的神经较正常的粗2～3倍。

内脏型的表现为脸色苍白，体重减轻，逐渐消瘦，腹泻。剖检时可见几乎所有内脏器官上如卵巢、肝、肾、脾、心、肺、睾丸、腺胃等都生有肿瘤。

眼型主要侵害眼球虹膜部分，因虹膜逐渐增生而褪色，由橘红色变为灰白色，故有"白眼病"之称，瞳孔边缘不整，并逐渐缩小，直至消失而失明。

皮肤型的主要表现为皮肤上有较大的肿瘤结节，毛囊增大。

实际生产中见到的多为混合型。

(3)诊断　根据典型症状可较准确地做出诊断，若采取实验室诊断，常用的方法是琼脂扩散试验和免疫荧光试验。

(4)预防　目前尚无有效的治疗方法和药物，应以预防为主。即出壳后24小时内皮下注射马立克氏病疫苗0.2毫升。接种疫苗后5～7天机体方可产生免疫力。因此，在这一段时间内要搞好隔离和消毒，防止感染。

3. 禽流感　禽流感又称欧洲鸡瘟，是发生于各种家禽和野禽的一种病毒性传染病，可引起鸡和火鸡的大批死亡。近年来禽流感已殃及人类，并且引起死亡，已引起世界卫生组织和各国卫生部门的注意。

(1)病原　为禽流感病毒。该病毒有许多型，不同型的致病力差异很大，有的发病率和死亡率可达100%，有的只发病但死亡率不高。

(2)症状及剖检　感染低毒力的毒株后，鸡表现为咳嗽，呼吸有啰音，流泪，有的出现腹泻，鸡冠和肉垂发紫、肿胀、出血和坏死，脚趾干缩，鳞片红紫，产蛋率急剧下降，常从 90%以上降至 30%～40%。软壳蛋迅速增加，但死亡率不高，一般为 1%～5%，偶尔也有死亡率较高的鸡群。鸡被高致病性禽流感病毒感染后，表现为突然发病，病程短，病情重，死亡率可达 100%。主要表现为呼吸、消化或神经症状，并可见头颈部发绀和水肿。剖检病死鸡可见气管、鼻窦、气囊、结膜等发炎，气管内常积有脓性物，鼻窦内充满渗出液，气囊及眼结膜上有纤维素样渗出物，母鸡卵巢萎缩、变形，卵泡破裂，卵黄液流入输卵管及腹腔内，输卵管退化，有时可见心脏冠状脂肪及小肠黏膜有出血点，腺胃及肌胃角质膜下有出血点，其他器官也有不同程度的充血、水肿、出血或坏死，如脾、心、肝、肾、胰、肺等。

本病的特征性病变是鸡冠、肉垂肿胀、出血和坏死，脚鳞紫变，产蛋急剧下降，卵巢萎缩，卵子变形，卵黄破裂，出现呼吸症状，心冠状脂肪及腺胃乳头出血，肌胃糜烂，腹泻。

(3)诊断　诊断此病除根据症状及病理变化外，还应经过病毒分离才能确诊，同时应将其与鸡新城疫区别开来。

(4)预防及治疗　治疗本病目前尚无特效药物，抗生素可防止细菌的继发感染，金刚烷胺可减少鸡的死亡，但对于产蛋期的鸡及出栏前肉用仔鸡慎用。一些抗病毒药物及中草药对治疗本病也有一定疗效，如病毒灵、病毒散、复方病毒克星、板蓝根等。

预防禽流感的有效方法是进行疫苗接种。目前多数鸡场在 60 日龄、120～130 日龄各进行 1 次疫苗接种，产蛋期根据抗体变化确定接种时间。

4. 鸡痘　是由禽痘病毒引起的一种急性、接触性传染病，鸡和火鸡最易感，其他禽类也可发生。鸡痘的感染无年龄、性别和品种差异，但以幼龄易感，病情亦严重。该病在夏、秋蚊蝇多时易发生。

(1)病原　为禽痘病毒。该病毒对外界环境的抵抗力相当强，脱落的病灶可在干燥环境下存活几个月，阳光照射几周后仍有感染力。较敏感的消毒药有1%火碱溶液、1%醋酸、5%来苏儿等。

(2)症状　鸡痘可分为皮肤型和黏膜型两种。皮肤型鸡痘在鸡体无毛或毛少的部位着生，如冠、肉垂、眼睑、喙角等部位，依次为灰白色小结节→红色小丘疹→绿豆大痘疹→干硬结节。黏膜型主要着生在口腔、咽喉黏膜和眼结膜上，先是黄白色小结节，后融合在一起，形成一层黄白色干酪样的假膜，当去掉假膜后，便露出红色的溃烂面。单纯的皮肤型禽痘对家禽影响不很大，混合型和黏膜型会影响鸡的生产，严重时造成死亡。

(3)诊断　根据症状可做出准确诊断。

(4)防治　治疗本病目前尚无特效药物，若对症治疗可防止继发感染，皮肤型一般不治疗，黏膜型将假膜去掉，用0.1%高锰酸钾溶液冲洗，之后用碘甘油或鱼肝油涂擦。

预防本病最有效方法是接种疫苗。即25日龄和90日龄用鸡痘鹌鹑化弱毒冻干苗翅内侧无血管区各刺种(或注射)1次，经7天后检查接种效果，若在接种部位有结痂现象，说明有效，无痂应重新接种。

5. 传染性法氏囊病　是危害养鸡生产的另一急性传染病，青年鸡和火鸡最易感。鸡群发病率可达90%以上，死亡率由30%～70%不等。发病快，结束快，不受季节和品种限制。

(1)病原　为传染性法氏囊病毒。该病毒对理化因素有较强的抵抗力，60℃时40分钟仍有致病力，常用的消毒药物有2%氢氧化钠、威岛牌消毒剂、百毒杀、抗毒威、过氧乙酸、5%来苏儿、漂白粉、3%石炭酸等。

(2)症状和剖检　突然腹泻，排出大量水样粪便，很快脱水，伴有减食，精神委顿，翅下垂，嘴插入羽毛内，怕冷。剖检可见法氏囊肿大或出血，内有果浆样黏液，腺胃有出血点或出血斑，腿内侧肌肉有出血点。

(3)诊断 根据以上症状和剖检,可基本做出诊断。常用的实验室诊断方法是中和试验、琼脂扩散试验和荧光抗体试验等。

(4)治疗 目前治疗本病尚无特效药,鸡发病初期,可紧急注射高免血清,效果较好,还应喂些补液盐,以补充体液。使用囊复康、管囊散、肾肿灵、肾宝、速补等药物对缓解病情有一定疗效。同时,配合使用清热解毒和抗病毒药物,如板蓝根、病毒灵等效果更佳。

(5)预防 预防本病的方法是接种疫苗。目前常采用 2 次免疫法,即 10～14 日龄饮水首免,经 2～3 周后饮水二免。

6. 鸡白痢 是由鸡白痢沙门氏菌引起的一种急性败血性传染病,以 2～3 周龄雏鸡感染后发病率和死亡率最高,成鸡一般呈隐性带菌者,无外表症状,但对产蛋有影响。

鸡白痢的传播方式有水平和垂直两种,病鸡及带菌鸡排出的沙门氏菌污染周围环境,如料槽、饮水器、地面、笼具等,通过消化道感染其他健康鸡,即水平传播;带菌种鸡所产蛋孵化的雏鸡为带菌者,即为垂直传播,一般经垂直传播的白痢治愈率较低。

(1)病原 为鸡白痢沙门氏菌。该病菌对热及光的抵抗力较差,对一般的消毒药物均较敏感,60℃加热几分钟就可杀死。常用的消毒药物能很快将其杀死,如百毒杀、过氧乙酸、抗毒威、火碱、甲醛、高锰酸钾等。

(2)症状及剖检 雏鸡腹泻,排出白色黏稠粪便污染肛门,俗称"糊屁股"。呼吸困难,怕冷,两翅下垂,缩头闭目。经胚胎垂直感染的雏鸡,一般很难治愈,出壳后 1 周以内死亡;后期感染的雏鸡,若投药适当,治疗及时,死亡率较低,3 周龄以后的雏鸡死亡率极低;成年鸡感染后,产蛋量减少或停产,种鸡感染后种蛋的受精率和孵化率明显降低。雏鸡白痢发病率高,死亡率亦高。剖检病死雏鸡时可见心、肝、肺有坏死结节,输尿管内被尿酸盐阻塞,心包膜增厚,心包液浑浊增多,有时心包与心肌粘连,肝脏肿大,呈黄土色,有条纹状出血,腹膜混浊,有干酪样物附着,盲肠肿大,内有干酪样栓塞,有的病鸡表现为关节炎,关节腔内有奶油样物。成年鸡卵巢上的卵子变形,颜色呈灰、黑、绿、白等多种颜色,有时出现腹膜炎、心包炎。

(3)诊断　可根据症状做出初步诊断,更准确的方法是用血凝抑制试验。

(4)治疗　治疗本病可用0.2%土霉素、金霉素拌料,连喂7天;或用0.01%～0.02%诺氟沙星拌料,连喂3天;还可用恩诺沙星、环丙沙星等药物。

(5)预防　淘汰带菌种鸡,严格消毒种蛋,适当提高育雏温度,对1～2周龄的雏鸡用上述治疗药物的1/2剂量进行预防。

7. 鸡大肠杆菌病　大肠杆菌可使任何年龄、任何季节的鸡发病。该病可通过消化道和呼吸道感染,也可通过种蛋传给后代,受传播的种蛋常使胚胎和雏鸡死亡。

(1)病原　该病是由不同血清型的大肠艾希氏杆菌引起的一种鸡的传染病。由于血清型较多,表现症状及病理解剖也有差异,在我国较常见且危害较大的是急性败血症、鸡胚和幼雏早期死亡、气囊炎、输卵管炎等。大肠杆菌对理化条件的抵抗力较差,兽医上常用的消毒药物就可将其杀灭。

(2)症状及剖检

①急性败血症型　以育成鸡和成年鸡发病较多,6～10周龄肉鸡也多发,死亡率高达20%～50%。病鸡主要表现为鸡冠萎缩、食欲不振、腹泻。剖检可见肝脏肿大呈绿色,有时见到白色的小坏死点,肝表面有纤维素样渗出物,有时形成薄膜包着肝脏,心包积液,心包膜混浊、增厚严重时与心肌粘连,腹膜炎。

②鸡胚和幼雏早期死亡型　主要症状是孵化和出雏时死胚多,1周龄以内的雏鸡死亡率高,剖检病死鸡可见卵黄囊变大,卵

黄膜变薄，卵黄内容物变为干酪样或黄棕色水样。有的雏鸡出现脐带炎，表现为脐部肿大，闭合不全，有脓性分泌物。耐过的雏鸡常因卵黄吸收不良而使生长发育受阻。

③气囊炎型　主要发病对象是6～9周龄的肉用仔鸡，其他类型和年龄的鸡也可发生。病鸡常表现为咳嗽和喘息，呼吸困难，剖检时可见鸡的气囊增厚，呼吸道表面有干酪样渗出物。本病常继发心包炎、肝周炎和输卵管炎。

④输卵管炎型　主要发病对象为产蛋期的母鸡，病鸡主要表现为产蛋量减少或停止，畸形蛋增加，常排出黏而稀的粪便，内混有蛋白、蛋黄等物。剖检时可见腹腔内有大量的卵黄，肠粘连，形成腹膜炎；输卵管扩张，发炎，内有干酪样物质，卵泡变形或萎缩，常呈灰色、褐色。

另外，还有一些其他类型的大肠杆菌病，如神经型、肿头型、眼型、滑膜炎型等。

(3)诊断　若病鸡表现为心包炎、腹膜炎、肝周炎、气囊炎，则可初步确诊为大肠杆菌病，但更准确的方法是配合以细菌分离与鉴定。

(4)治疗　治疗本病可用0.1%诺氟沙星饮水，连饮3～5天；硫酸庆大霉素肌内注射，每千克体重5 000单位；卡那霉素、环丙沙星、恩诺沙星等药物的治疗效果也很好。

(5)预防　预防本病的有效方法是减少饲料和饮水的污染，尤其是饮水器，当饮用一些补品后，如葡萄糖、多维葡萄糖等，更应注意洗刷和消毒。用具及空间要经常彻底清扫消毒，搞好种蛋及孵化器的清洁卫生和消毒工作，加强饲养管理。

还可通过预防接种的方法使体内产生特异性抗体，方法是从本场病鸡中分离大肠杆菌，制成灭活苗，对种鸡或雏鸡注射接种，预防效果较好。有的鸡场从其他单位购买疫苗，有时因类型不一致而使效果不佳。

8. 鸡传染性支气管炎 该病是一种急性高度传染的呼吸道疾病，死亡率较低，4 周龄以下的雏鸡症状明显，常有死亡。成年鸡常引起产蛋急剧下降，畸形蛋增加。本病一年四季均可发生，但以秋季至翌年早春这段时间多发，尤其是受到寒流、转群、断喙等刺激时最易发生。环境条件较差、鸡群密度大、通风不良也是发生此病的重要原因。主要是通过呼吸道和消化道传播。

(1)病原 传染性支气管炎病毒。该病毒对外界条件的抵抗力较弱，56℃时 15 分钟就可将其杀死，低温条件下存活时间较长。常用的消毒药物就可将其杀死，如 0.1％高锰酸钾溶液、1％来苏儿溶液、1％甲醛溶液等。

(2)症状及剖检 发病鸡群表现为气喘，呼吸有水泡音，伴有咳嗽。病鸡鼻窦肿胀，鼻黏液增多，常流眼泪。发病 2～3 日后，病鸡精神不振，食欲下降，羽毛松乱，翅下垂，怕冷，排出白色或白绿色稀便。产蛋鸡群还表现为产蛋量突然下降，软壳蛋、沙皮蛋、畸形蛋增加，蛋白变稀。

剖检病死鸡时可发现气管、支气管、鼻道、喉头、鼻窦有浆液性、干酪样渗出物，气管黏膜面可见轻度充血、水肿性肥厚，有时气囊混浊或有干酪样物质。产蛋鸡可见卵泡膜充血或出血，卵黄掉入腹腔而引起腹膜炎。当感染侵害肾脏的毒株时，可见肾脏肿大，颜色变浅，肾小管和输尿管充满尿酸盐。

(3)诊断 根据流行特点、临床症状和病理变化可做出初步诊断，但确诊还需进一步进行病毒分离和血清学检查。

(4)预防 预防本病的有效方法是接种疫苗。常用的是鸡胚弱毒化疫苗 H_{120} 和 H_{52} 其免疫程序参见表 33 至表 35。在该病的高发季节要保持环境的相对稳定，尽量减少应激因素。加强鸡舍通风，合理控制鸡群密度，保证鸡舍空气新鲜。

(5)治疗 治疗本病目前尚无特效药物，但为了防止继发感染，可采取对症治疗的措施，如在饲料或饮水中加入抗生素、磺胺类药物(产蛋鸡慎用)等,还可注射抗生素类药物。

9. 鸡传染性喉气管炎 该病是由病毒引起的一种急性呼吸道传染病,各种年龄和品种的鸡均可感染,但以成年鸡症状最为明显,病情较雏鸡严重。一年四季均可发生,但以寒冷季节多发,死亡率不高。

(1)病原 病原为鸡传染性喉气管炎病毒,主要存在于呼吸道及其分泌物中,可经呼吸道、眼及口腔传染。该病毒对外界环境的抵抗力差,煮沸后便立刻死亡,较敏感的消毒药物有火碱溶液、甲醛、过氧乙酸、农福、百毒杀等。

(2)症状及剖检 鸡突然发病,表现为以伸颈吸气为特征的呼吸困难,咳嗽、气喘,常咳出带血的黏液,可听到似吹口哨的声音。病鸡颜面肿胀。剖检病死鸡时可发现喉部有黄色或带血的分泌物,有时可见干酪样渗出物。喉头及气管黏膜、肿胀、充血、出血或坏死,眼睑及眶下窦肿胀、充血。

(3)诊断 根据流行特点、症状及病理剖检,可做出初步诊断。在实验室可刮取病鸡患病部位的黏膜涂片做 HE 染色,检查核内包涵体。也可进行病毒分离鉴定等。

(4)预防及治疗 预防本病可通过接种疫苗的方法,常用的一种为鸡传染性喉气管炎疫苗,接种时间、剂量、方法参见表 23。另外,鸡舍通风良好,温度适当提高(一般升高 2℃～3℃)而平稳,可减少本病的发生。

治疗本病目前尚无特效药,当鸡群发病以后,为了防止继发感染和出现并发症,可采取对症治疗的方法,可肌内注射青、链霉素或饮水,也可用防治呼吸道疾病的中草药饮水或拌料。

10. 传染性鼻炎 是常发生于鸡的一种急性呼吸道传染病。具有传播快,发病率高,死亡率较低的特点。任何年龄的鸡均可感染,但以成年鸡发病症状最典型、严重。冬、秋两季或气候寒冷、潮湿,温度变化急剧,鸡群密度大,通风不良时易暴发此病。

(1)病原　病原为鸡嗜血杆菌。该病菌对外界环境的抵抗力较低,自然环境下几小时就可死亡,低温条件下存活时间稍长。一般的兽用消毒药物就可将其杀死。主要通过呼吸道传播,也可通过消化道侵入。

(2)症状及剖检　病鸡精神沉郁,食欲下降,腹泻,排出绿色稀便。呼吸道常发出咕噜咕噜声,有时咳嗽,流鼻液、眼泪,最初较稀薄,以后逐渐变为浆液性或脓性分泌物,将鼻孔堵塞或将上、下眼睑粘连,影响视力或失明。面部和肉垂肿胀,有时喉部出现肿胀。成年鸡产蛋量下降或停产,软壳蛋及畸形蛋增加。

剖检病死鸡可见鼻腔及鼻窦黏膜充血、肿胀,表面有大量黏液,鼻腔及眶下窦内充满黏液或干酪样物,喉头及气管黏膜发红,表面有黏液分布,成年产蛋鸡常因蛋黄掉入腹腔而造成腹膜炎,卵泡发软或血肿。

(3)诊断　根据流行特点、症状及剖检变化可较准确地做出诊断,但应注意与其他呼吸道疾病的区别。

(4)预防　预防本病的有效方法是接种疫苗,其程序见表33至表35。同时,应配合科学的饲养管理措施,如保证空气新鲜,供给充足的维生素,合理控制密度,搞好卫生消毒等。

(5)治疗　肌内注射链霉素200~250毫升/只·天,连用3~4天;0.3%~0.5%磺胺嘧啶拌料,连用3~4天,但产蛋高峰期的鸡慎用,以免影响产蛋;0.2%土霉素、四环素拌料,连用5~7天;另外,防治呼吸道疾病的中草药拌料或饮水,也有一定疗效。

11. 鸡慢性呼吸道疾病(支原体病)　该病是一种以呼吸道症状为主要特征的慢性疾病。一年四季均可发生,但以气候寒冷和多变时多发。各年龄、各品种的鸡均可感染,但以1~2月龄的蛋鸡及肉用仔鸡多发。鸡舍通风不良,空气污浊,接种疫苗,患其他呼吸道疾病继发感染等。

(1)病原　支原体(原称霉形体)。该病原主要分为两种类型,即败血形支原体和滑液囊支原体，对理化因素的抵抗力不强，一般的消毒药物可将其杀灭，如过氧乙酸、百毒杀、火碱、抗毒威等。支原体病的主要传播方式为垂直传播（即通过种蛋），也可水平传播，呼吸道和消化道是其主要传播方式。

（2）症状及剖检　该病主要表现呼吸道症状，如摇头甩鼻液，打喷嚏，咳嗽，气喘，呼吸有啰音。眼睑肿胀，眼结膜因渗出大量浆液性或脓性物而发生粘连，最后变为干酪样物，压迫眼球导致失明。

剖检时可见病死鸡鼻腔中黏稠的分泌物增多，喉头及气管黏膜水肿，黏性分泌物增多，严重者呈干酪样物阻塞喉部而使鸡窒息死亡。随着病程的延长，气囊发生病变，表现为囊壁混浊、增厚，表面有黄色念珠状物，有的伴有肺炎。

当鸡感染了滑液囊支原体时，常表现为跛行，关节肿胀，其中跗关节和脚掌是主要感染部位，也有的出现胸囊肿。剖检病死鸡可见关节的滑液囊内有黏稠的白色或黄白色渗出物，病程长时为干酪样物。

（3）诊断　根据本病的流行特点、症状、病变可做出初步诊断，确诊还需进行病原分离和血清学诊断。

（4）预防及治疗　预防本病的有效方法是加强饲养管理，减少应激因素，保持环境的稳定与卫生，鸡舍通风良好，在气候骤变的季节更应注意。在免疫时容易激发，故在免疫当天至免疫后 3 天内投服敏感抗生素，并在饲料中多加入 2～3 倍的复合多维。

治疗本病的药物有恩诺沙星、泰乐菌素、支原净、链霉素、红霉素、北里霉素、诺氟沙星等。

常见呼吸道疾病的鉴别诊断见表 36。

三、鸡常见病防治

表36　传染性支气管炎、传染性喉气管炎、支原体、传染性鼻炎的鉴别诊断

病　名	传染性支气管炎	传染性喉气管炎	支原体病	传染性鼻炎
病　原	传染性支气管炎病毒	传染性喉气管炎病毒	鸡支原体	副鸡嗜血杆菌
发病禽种	鸡	主要是鸡，野鸡、幼火鸡、孔雀也可感染	鸡和火鸡，偶见其他禽患病	主要是鸡，雉鸡、鹌鹑、珍珠鸡少见
流行特点	各日龄鸡均可发生，但40日龄内的雏鸡多发，且死亡率高。主要通过呼吸道和消化道传播	主要侵害成鸡，发病突然，传播快，感染率高，死亡率较低。主要通过呼吸道传播，其次是消化道	主要是1～2月龄的雏鸡发病，呈慢性感染，死亡率较低。主要通过种蛋和呼吸道传播，寒冷和气候多变时易发	主要侵害成年鸡，呼吸道传播是其主要途径，冬、秋两季易流行，应激状态下易暴发
主要症状	伸颈、张口、呼吸困难，咳嗽，有啰音，患病成年鸡产蛋下降，软壳蛋、沙皮蛋、畸形蛋增加	除呼吸困难的一般症状外，有尽力吸气的特殊姿势，鼻内有分泌物，病鸡咳出带血的黏液	流出浆液性或黏液性鼻液，呼吸困难，呼吸有水泡音，病程长时，脸和眼结膜肿胀，眼部凸出，严重者失明	眼和鼻内有炎性分泌物，鼻孔周围结痂，肉垂肿胀，结膜发炎，眼眶周围肿胀，有时个别鸡失明

续表 36

病　名	传染性支气管炎	传染性喉气管炎	支原体病	传染性鼻炎
剖检变化	鼻腔、气管、支气管内有浆液性分泌物，气管下端或支气管有黏性或干酪样栓塞，肾型可见肾脏肿大，呈花瓣形，有尿酸盐沉积。成母鸡卵泡充血、出血、变形，卵黄掉入腹腔	喉黏膜发炎、肿胀、出血，有大量黏液或黄白色假膜覆盖，气管内有血性分泌物	鼻、气管、气囊有黏性分泌物，气囊增厚，混浊，有灰白色干酪样渗出物	鼻腔、鼻窦黏膜发炎，表面有黏液，严重时可见鼻窦、眶下窦、眼结膜内有干酪样物质
药物治疗	目前尚无特效药，可用疫苗预防	尚无特效药，可用疫苗预防	链霉素、四环素、支原净、泰乐菌素有效	磺胺类、抗生素有效

12. 淋巴细胞白血病　是危害成年产蛋鸡的一种慢性肿瘤性疾病。发病多为 6～8 月龄的成年鸡，蛋用鸡多在开产前后发病。其主要传播方式是垂直传播，即带毒种鸡所产的带毒种蛋孵出的雏鸡也带毒，这种带毒鸡向环境不断排毒，使其他健康鸡感染，又形成平行感染。正常情况下，受感染的鸡群其发病率在 5%～6%。近年来我国的一些原种鸡场开始了鸡淋巴细胞白血病的净化工作，取得了显著成绩，使其后代的发病率明显降低。气候因素对该病的发生有一定的影响作用。当环境温度急剧变化、湿度过大时，发病率较高。

(1)病原　禽白血病病毒。该病毒对热、酸、碱的抵抗力较差，60℃经 42 秒钟就可使其灭活，但对紫外线和 X 射线的抵抗力较强。

(2)症状及剖检　发病鸡表现为停产，鸡冠苍白、皱缩，逐渐消瘦，排出绿色稀便，腹部增大，有时可摸到肿大的肝脏。

剖检病死鸡时首先见到的是肿大的肝脏，肝脏较正常肝大4～5倍，其次是脾脏、肾脏、卵巢、法氏囊等器官有肿瘤，肿瘤一般呈球形或扁平形。肿瘤从针头大小到鸡蛋大小不等，有单在的也有聚集的。着生肿瘤的器官色泽灰白，质地变脆。

(3)诊断　根据典型症状和病理解剖特点以及发病时间，可初步对该病做出诊断，但更准确的诊断还应配合以病毒分离和血清学检验。

(4)预防　鸡白血病目前尚无有效的疫苗和治疗药物，最有效的方法是淘汰带毒鸡，建立无白血病鸡群。注意环境条件的稳定，防止温度忽高忽低。

(二)寄生虫病与普通病

1. 鸡球虫病　球虫病是以出血性腹泻，黏膜、小肠前段和直肠黏膜出血坏死为特征的急性疾病。对15～60日龄雏鸡和肉用仔鸡危害较大。地面垫料平养、卫生条件差、闷热潮湿时容易暴发。雏鸡发病后死亡率可达20%～80%；成鸡感染后，往往症状不明显。

(1)病因　艾美耳球虫是导致该病的主要原因。球虫卵囊对外界环境的抵抗力很强，在土壤中能存活6个月，高温和干燥能杀死卵囊，寒冷能使其停止发育，一般的消毒药物对其无作用。正常情况下，带虫鸡的粪便中带有球虫卵囊，这种卵囊污染饲料、饮水、土壤和用具，感染其他的健康鸡，量小时不一定发病，当遇到适宜的条件时(高湿、高温)，迅速发育成孢子化卵囊，这种卵囊被鸡食入消化道后，被消化液溶解，子孢子游离，寄生于肠壁上皮细胞内，并大量繁殖，引起鸡群发病。

(2)症状及剖检 雏鸡发病后,两翅下垂,精神不振,食欲下降或废绝,饮水量增加。腹泻,肛门周围污秽,严重时排出血便。鸡冠和其他可视黏膜苍白、贫血,共济失调,最后抽搐死亡。成鸡的症状较轻,常表现产蛋下降、消瘦、腹泻等,死亡率不高。剖检病死鸡可见肠管扩张,肠壁增厚,肠内容物混有血液,肠壁上可见白色的小斑点和出血点。柔嫩艾美耳球虫侵害盲肠后,两侧盲肠肿大,内有大量血样内容物,肠壁增厚,黏膜溃疡。

(3)防治 预防本病的方法是搞好鸡舍卫生,注意通风换气,用具定期洗刷消毒,垫料常换,并保持干燥,改善饲养方式。当鸡群发病后,用敌菌净按0.01%拌料,连用5～7天,停2天;严重时,在喂料的同时,每只雏鸡肌内注射2万单位青霉素,成鸡5万单位,每日1次,连用3天。另外,盐霉素、优素精、球虫灵、氯苯胍等对治疗球虫病均有疗效,但在喂肉鸡时应注意禁喂药和停药期。用治疗量的1/2饲喂可预防球虫病。

2. 啄癖 啄癖是笼养鸡群的常见病之一,主要表现为啄肛、啄羽、啄趾、啄蛋等,如果控制不好,常会引起鸡的大批死亡。

(1)病因 导致啄癖的原因很多,且较为复杂,主要由营养和管理等因素造成。当饲料中缺少钙、磷、食盐、锌、铜等矿物质元素,纤维素、氨基酸特别是含硫氨基酸不足,常会引起啄癖;饲养密度过大,光线太强,温度过高,鸡过于饥饿,捡蛋次数太少是导致啄癖的重要原因;初产鸡群及换羽期鸡群啄癖现象严重;喂颗粒饲料的笼养蛋鸡易发生。因此,预防啄癖的发生应从多方面采取措施。

(2)表现 啄肛是多只鸡啄食1只鸡的肛门,导致被啄鸡大量出血,严重时将其内脏啄出致死,此种现象多发生于初产鸡。因初产鸡的泄殖腔较狭窄,产蛋时努责时间长,造成输卵管脱垂或撕裂,其他的鸡见后便一拥而上。啄羽是鸡与鸡之间互相啄食羽毛,导致鸡体羽毛残缺不全,有的将背部羽毛啄完后继续啄食皮肤,引起出血、溃疡、败血、死亡。这种现象在任何年龄的鸡群都可见到,但营养缺乏时较多见。啄趾常见于平养雏鸡，鸡与鸡之间互相啄食脚趾，也有自身啄食的。啄蛋癖指鸡将自己或其他鸡产的蛋吃掉或啄碎，时间长后形成恶癖。

（3）预防　预防啄癖的有效方法是供给充足的饲料和饮水，合理调整密度、光照、温度，科学搭配和调制饲料，勤捡蛋。采取以上措施后，还应进行断喙。

3. 脂肪肝综合征　是常发生于笼养蛋鸡及肉鸡的一种营养代谢疾病，以肝脏、肾脏及其他脏器积聚大量脂肪为特征。肉种鸡、蛋鸡产蛋高峰期过后易发病。

（1）病因　鸡长期饲喂高碳水化合物饲料，使肝脏合成脂肪量增加，当遇到某种原因，如缺乏蛋氨酸、胆碱、维生素 B_{12}、维生素 E、生物素等时，将影响肝脏脂肪的输出，导致大量脂肪在肝脏内和其他的内脏器官蓄积，而形成脂肪肝。另外，由于蛋鸡的笼养，使其活动范围受到了限制，体内脂肪的消耗量减少，也是形成脂肪肝综合征的一个原因。肉种鸡与蛋鸡相比，因其合成脂肪的能力更强，所以发生脂肪肝的较多。

（2）症状及剖检　脂肪肝综合征多发生于高产的蛋鸡群或生长发育良好的肉鸡群，体重较标准高 25%～30%，发病率较高，但死亡率较低。病鸡多表现为吞咽困难、伸颈、嗜睡、神经麻痹，严重时出现瘫痪，伏卧或侧卧。有时口腔内流出少量黏液，鸡冠苍白、贫血。剖检病死鸡可见肝脏肿大呈灰黄色油腻状，质地变脆，肝被膜下有小的出血块，皮下及其他内脏器官（如肠管、肠系膜、腹腔后部、肌胃、肾脏、心脏、卵巢等）周围沉积大量脂肪。

（3）诊断　根据症状及剖检可对此病做出较准确的诊断。

（4）防治　当发现鸡群体重增加过快，超出该品种要求的标准速度时，应降低日粮中能量水平，减少碳水化合物的供给量，如玉米、小麦、高粱、小米等，增加粗饲料（如草粉）的比例，提高蛋氨酸、胆碱、维生素 B_{12}、维生素 E、生物素的含量，适当限制饲养，减少每天的饲料供给量尤其是蛋鸡产蛋高峰期过后，限饲量应加大，并注意称量体重。

对于病鸡应在每吨饲料中加入 1 000 克氯化胆碱和 12 毫克维生素 B_{12}、肌醇 908 克。

思 考 题：

请分别说出种鸡、商品蛋鸡和肉用仔鸡的免疫程序。

附录 蛋鸡、肉鸡饲养标准

附表 1 生长蛋鸡营养需要

营养标准	单 位	0～8 周龄	9～18 周龄	19 周龄至开产
代谢能	兆焦/千克 (兆卡/千克)	11.91(2.85)	11.70(2.80)	11.50(2.75)
粗蛋白质	%	19.0	15.5	17.0
蛋白能量比	克/兆焦 (克/兆卡)	15.95 (66.67)	13.25 (55.30)	14.78 (61.82)
赖氨酸能量比	克/兆焦 (克/兆卡)	0.84(3.51)	0.58(2.43)	0.61(2.55)
赖氨酸	%	1.00	0.68	0.70
蛋氨酸	%	0.37	0.27	0.34
蛋氨酸＋胱氨酸	%	0.74	0.55	0.64
苏氨酸	%	0.66	0.55	0.62
色氨酸	%	0.20	0.18	0.19
精氨酸	%	1.18	0.98	1.02
亮氨酸	%	1.27	1.01	1.07
异亮氨酸	%	0.71	0.59	0.60
苯丙氨酸	%	0.64	0.53	0.54
苯丙氨酸＋ 酪氨酸	%	1.18	0.98	1.00
组氨酸	%	0.31	0.26	0.27

续附表 1

营养标准	单　位	0～8 周龄	9～18 周龄	19 周龄至开产
脯氨酸	%	0.50	0.34	0.44
缬氨酸	%	0.73	0.60	0.62
甘氨酸＋丝氨酸	%	0.82	0.68	0.71
钙	%	0.90	0.80	2.00
总　磷	%	0.70	0.60	0.55
非植酸磷	%	0.40	0.35	0.32
钠	%	0.15	0.15	0.15
氯	%	0.15	0.15	0.15
铁	毫克/千克	80	60	60
铜	毫克/千克	8	6	8
锌	毫克/千克	60	40	80
锰	毫克/千克	60	40	60
碘	毫克/千克	0.35	0.35	0.35
硒	毫克/千克	0.30	0.30	0.30
亚油酸	%	1	1	1
维生素 A	单位/千克	4000	4000	4000
维生素 D	单位/千克	800	800	800
维生素 E	单位/千克	10	8	8
维生素 K	单位/千克	0.5	0.5	0.5
硫胺素	毫克/千克	1.8	1.3	1.3
核黄素	毫克/千克	3.6	1.8	2.2

续附表 1

营养标准	单　位	0～8 周龄	9～18 周龄	19 周龄至开产
泛　酸	毫克/千克	10	10	10
烟　酸	毫克/千克	30	11	11
吡哆醇	毫克/千克	3	3	3
生物素	毫克/千克	0.15	0.10	0.10
叶　酸	毫克/千克	0.55	0.25	0.25
维生素 B_{12}	毫克/千克	0.010	0.003	0.004
胆　碱	毫克/千克	1300	900	500

注：根据中型体重鸡制定，轻型鸡可酌减 10%；开产日龄按 5%产蛋率计算

附表 2　蛋鸡营养需要

营养标准	单　位	开产高峰期 >85%	高峰后 <85%	种　鸡
代谢能	兆焦/千克 (兆卡/千克)	11.29 (2.70)	10.87 (2.65)	11.29 (2.70)
粗蛋白质	%	16.5	15.5	18.0
蛋白能量比	克/兆焦 (克/兆卡)	14.61 (61.11)	14.26 (58.49)	15.94 (66.67)
赖氨酸能量比	克/兆焦 (克/兆卡)	0.64 (2.67)	0.61 (2.54)	0.63 (2.63)
赖氨酸	%	0.75	0.70	0.75
蛋氨酸	%	0.34	0.32	0.34
蛋氨酸＋胱氨酸	%	0.65	0.56	0.65
苏氨酸	%	0.55	0.50	0.55

续附表 2

营养标准	单　位	开产高峰期 >85%	高峰后 <85%	种　鸡
色氨酸	%	0.16	0.15	0.16
精氨酸	%	0.76	0.69	0.76
亮氨酸	%	1.02	0.98	1.02
异亮氨酸	%	0.72	0.66	0.72
苯丙氨酸	%	0.58	0.52	0.58
苯丙氨酸＋酪氨酸	%	1.08	1.06	1.08
组氨酸	%	0.25	0.23	0.25
缬氨酸	%	0.59	0.54	0.59
甘氨酸＋丝氨酸	%	0.57	0.48	0.57
可利用赖氨酸		0.66	0.60	
可利用蛋氨酸		0.32	0.30	
钙	%	3.5	3.5	3.5
总　磷	%	0.6	0.60	0.60
非植酸磷	%	0.32	0.32	0.32
钠	%	0.15	0.15	0.15
氯	%	0.15	0.15	0.15
铁	毫克/千克	60	60	60
铜	毫克/千克	8	8	6
锌	毫克/千克	60	60	60
锰	毫克/千克	80	80	60
碘	毫克/千克	0.35	0.35	0.35

附表 2　蛋鸡营养需要

营养标准	单　位	开产高峰期 >85%	高峰后 <85%	种　鸡
硒	毫克/千克	0.30	0.30	0.30
亚油酸	%	1	1	1
维生素 A	单位/千克	8000	8000	10000
维生素 D	单位/千克	1600	1600	2000
维生素 E	单位/千克	5	5	10
维生素 K	单位/千克	0.5	0.5	1.0
硫胺素	毫克/千克	0.8	0.8	0.8
核黄素	毫克/千克	2.5	2.5	3.8
泛　酸	毫克/千克	2.2	2.2	10
烟　酸	毫克/千克	20	20	30
吡哆醇	毫克/千克	3.0	3.0	4.5
生物素	毫克/千克	0.10	0.10	0.15
叶　酸	毫克/千克	0.25	0.25	0.35
维生素 B_{12}	毫克/千克	0.004	0.004	0.004
胆　碱	毫克/千克	500	500	500

附表 3　肉用仔鸡营养需要之一

营养标准	单　位	0～3 周龄	4～6 周龄	7 周龄
代谢能	兆焦/千克 (兆卡/千克)	12.54 (3.00)	12.960 (3.10)	13.17 (3.15)
粗蛋白质	%	21.5	20.0	18.0

续附表 3

营养标准	单　位	0～3 周龄	4～6 周龄	7 周龄
蛋白能量比	克/兆焦 （克/兆卡）	17.14 (71.67)	15.43 (64.52)	13.67 (57.14)
赖氨酸能量比	克/兆焦 （克/兆卡）	0.92 (3.83)	0.77 (3.23)	0.67 (2.81)
赖氨酸	%	1.15	1.00	0.87
蛋氨酸	%	0.50	0.40	0.34
蛋氨酸＋胱氨酸	%	0.91	0.76	0.65
苏氨酸	%	0.81	0.72	0.68
色氨酸	%	0.21	0.18	0.17
精氨酸	%	1.20	1.12	1.01
亮氨酸	%	1.26	1.05	0.94
异亮氨酸	%	0.81	0.75	0.63
苯丙氨酸	%	0.71	0.66	0.58
苯丙氨酸＋酪氨酸	%	1.27	1.15	1.00
组氨酸	%	0.35	0.32	0.27
脯氨酸	%	0.58	0.54	0.47
缬氨酸	%	0.85	0.74	0.64
甘氨酸＋丝氨酸	%	1.24	1.10	0.96
钙	%	1.0	0.9	0.8
总　磷	%	0.68	0.65	0.60
非植酸磷	%	0.45	0.40	0.35
钠	%	0.20	0.15	0.15

续附表3

营养标准	单 位	0～3周龄	4～6周龄	7周龄
氯	%	0.20	0.15	0.15
铁	毫克/千克	100	80	80
铜	毫克/千克	8	8	8
锌	毫克/千克	120	100	80
锰	毫克/千克	100	80	80
碘	毫克/千克	0.70	0.70	0.70
硒	毫克/千克	0.30	0.30	0.30
亚油酸	%	1	1	1
维生素A	单位/千克	8000	6000	2700
维生素D	单位/千克	1000	750	400
维生素E	单位/千克	20	10	10
维生素K	单位/千克	0.5	0.5	0.5
硫胺素	毫克/千克	2.0	2.0	2.0
核黄素	毫克/千克	8	8	5
泛 酸	毫克/千克	10	10	10
烟 酸	毫克/千克	35	30	30
吡哆醇	毫克/千克	3.5	3.0	3.0
生物素	毫克/千克	0.18	0.15	0.10
叶 酸	毫克/千克	0.55	0.55	0.50
维生素 B_{12}	毫克/千克	0.010	0.010	0.007
胆 碱	毫克/千克	1300	1000	750

附表 4　肉用仔鸡营养需要之二

营养标准	单　位	0～2 周龄	3～6 周龄	7 周龄
代谢能	兆焦/千克 (兆卡/千克)	12.75 (3.05)	12.96 (3.10)	13.17 (3.15)
粗蛋白质	%	22.0	20.0	17.0
蛋白能量比	克/兆焦 (克/兆卡)	17.25 (72.13)	15.43 (64.52)	12.91 (53.97)
赖氨酸能量比	克/兆焦 (克/兆卡)	0.88 (3.67)	0.77 (3.23)	0.62 (2.60)
赖氨酸	%	1.20	1.00	0.82
蛋氨酸	%	0.52	0.40	0.32
蛋氨酸＋胱氨酸	%	0.92	0.76	0.63
苏氨酸	%	0.84	0.72	0.64
色氨酸	%	0.21	0.18	0.16
精氨酸	%	1.25	1.12	0.95
亮氨酸	%	1.32	1.05	0.89
异亮氨酸	%	0.84	0.75	0.59
苯丙氨酸	%	0.74	0.66	0.55
苯丙氨酸＋酪氨酸	%	1.32	1.15	0.98
组氨酸	%	0.36	0.32	0.25
脯氨酸	%	0.60	0.54	0.44
缬氨酸	%	0.90	0.74	0.72
甘氨酸＋丝氨酸	%	1.30	1.10	0.93
钙	%	1.05	0.95	0.80
总　磷	%	0.68	0.65	0.60

续附表 4

营养标准	单 位	0～2 周龄	3～6 周龄	7 周龄
非植酸磷	%	0.50	0.40	0.35
钠	%	0.20	0.15	0.15
氯	%	0.20	0.15	0.15
铁	毫克/千克	120	80	80
铜	毫克/千克	10	8	8
锌	毫克/千克	120	100	80
锰	毫克/千克	120	80	80
碘	毫克/千克	0.70	0.70	0.70
硒	毫克/千克	0.30	0.30	0.30
亚油酸	%	1	1	1
维生素 A	单位/千克	10000	6000	2700
维生素 D	单位/千克	2000	1000	400
维生素 E	单位/千克	30	10	10
维生素 K	单位/千克	1.0	0.5	0.5
硫胺素	毫克/千克	2	2	2
核黄素	毫克/千克	10	5	5
泛 酸	毫克/千克	10	10	10
烟 酸	毫克/千克	45	30	30
吡哆醇	毫克/千克	4.0	3.0	3.0
生物素	毫克/千克	0.20	0.15	0.10
叶 酸	毫克/千克	1.00	0.55	0.50

续附表 4

营养标准	单　位	0～2 周龄	3～6 周龄	7 周龄
维生素 B_{12}	毫克/千克	0.010	0.010	0.007
胆　碱	毫克/千克	1500	1200	750

附表 5　肉用种鸡营养需要

营养标准	单　位	0～6 周龄	7～18 周龄	19 周龄至开产	开产至高峰期(产蛋>65%)	高峰期后(产蛋<65%)
代谢能	兆焦/千克 (兆卡/千克)	12.12 (2.90)	11.91 (2.85)	11.70 (2.75)	11.70 (2.80)	11.70 (2.80)
粗蛋白质	%	18.0	15.0	16.0	17	16
蛋白能量比	克/兆焦 (克/兆卡)	14.85 (66.67)	12.59 (52.63)	13.68 (57.14)	14.53 (60.71)	13.68 (57.14)
赖氨酸能量比	克/兆焦 (克/兆卡)	0.76 (3.17)	0.55 (2.28)	0.64 (2.68)	0.68 (2.86)	0.64 (2.68)
赖氨酸	%	0.92	0.65	0.75	0.80	0.75
蛋氨酸	%	0.34	0.30	0.32	0.34	0.30
蛋氨酸＋胱氨酸	%	0.72	0.56	0.62	0.64	0.60
苏氨酸	%	0.52	0.48	0.50	0.55	0.50
色氨酸	%	0.20	0.17	0.16	0.17	0.16
精氨酸	%	0.90	0.75	0.90	0.90	0.88
亮氨酸	%	1.05	0.81	0.86	0.86	0.81
异亮氨酸	%	0.66	0.58	0.58	0.58	0.58

续附表 5

营养标准	单 位	0～6周龄	7～18周龄	19周龄至开产	开产至高峰期(产蛋>65%)	高峰期后(产蛋<65%)
苯丙氨酸	%	0.52	0.39	0.42	0.51	0.48
苯丙氨酸+酪氨酸	%	1.00	0.77	0.82	0.85	0.80
组氨酸	%	0.26	0.21	0.22	0.24	0.21
脯氨酸	%	0.50	0.41	0.44	0.45	0.42
缬氨酸	%	0.62	0.47	0.50	0.66	0.51
甘氨酸+丝氨酸	%	0.70	0.53	0.56	0.57	0.54
钙	%	1.00	0.90	2.0	3.30	3.50
总 磷	%	0.68	0.65	0.65	0.68	0.65
非植酸磷	%	0.45	0.40	0.42	0.45	0.42
钠	%	0.18	0.18	0.18	0.18	0.18
氯	%	0.18	0.18	0.18	0.18	0.18
铁	毫克/千克	60	60	80	80	80
铜	毫克/千克	6	6	8	8	8
锰	毫克/千克	80	80	100	100	100
锌	毫克/千克	60	60	80	80	80
碘	毫克/千克	0.70	0.70	1.00	1.00	1.00
硒	毫克/千克	0.30	0.30	0.30	0.30	0.30
亚油酸	%	1	1	1	1	1

续附表 5

营养标准	单　位	0～6周龄	7～18周龄	19 周龄至开产	开产至高峰期(产蛋＞65%)	高峰期后(产蛋＜65%)
维生素 A	单位/千克	8000	6000	9000	12000	12000
维生素 D	单位/千克	1600	1200	1800	2400	2400
维生素 E	单位/千克	20	10	10	30	30
维生素 K	单位/千克	1.5	1.5	1.5	1.5	1.5
硫胺素	毫克/千克	1.8	1.5	1.5	2.0	2.0
核黄素	毫克/千克	8	6	6	9	9
泛　酸	毫克/千克	12	10	10	12	12
烟　酸	毫克/千克	30	20	20	35	35
吡哆醇	毫克/千克	3.0	3.0	3.0	4.5	4.5
生物素	毫克/千克	0.15	0.10	0.10	0.20	0.20
叶　酸	毫克/千克	1.0	0.5	0.5	1.2	1.2
维生素 B_{12}	毫克/千克	0.01	0.006	0.008	0.012	0.012
胆　碱	毫克/千克	1300	900	500	500	500

附表 6　黄羽肉仔鸡营养需要

营养标准	单　位	♂0～4 周龄 ♀0～3 周龄	♂5～8 周龄 ♀4～5 周龄	♂＞8 周龄 ♀＞5 周龄
代谢能	兆焦/千克 (兆卡/千克)	12.12 (2.90)	12.54/3.00	12.96/ 3.10
粗蛋白质	%	21.0	19.0	16.0

续附表6

营养标准	单　位	♂0～4周龄 ♀0～3周龄	♂5～8周龄 ♀4～5周龄	♂>8周龄 ♀>5周龄
蛋白能量比	克/兆焦 （克/兆卡）	17.33/72.41	15.15/63.3	12.34/ 51.61
赖氨酸能量比	克/兆焦 （克/兆卡）	0.87/3.62	0.78/3.27	0.66/ 2.74
赖氨酸	%	1.05	0.98	0.85
蛋氨酸	%	0.46	0.40	0.34
蛋氨酸＋胱氨酸	%	0.85	0.72	0.65
苏氨酸	%	0.76	0.74	0.68
色氨酸	%	0.19	0.18	0.16
精氨酸	%	1.19	1.10	1.00
亮氨酸	%	1.15	1.09	0.93
异亮氨酸	%	0.76	0.73	0.62
苯丙氨酸	%	0.69	0.65	0.56
苯丙氨酸＋酪氨酸	%	1.28	1.22	1.00
组氨酸	%	0.33	0.32	0.27
脯氨酸	%	0.57	0.55	0.46
缬氨酸	%	0.86	0.82	0.70
甘氨酸＋丝氨酸	%	1.19	1.14	0.97
钙	%	1.00	0.90	0.80
总　磷	%	0.68	0.65	0.60
非植酸磷	%	0.45	0.40	0.35

续附表 6

营养标准	单位	♂0～4 周龄 ♀0～3 周龄	♂5～8 周龄 ♀4～5 周龄	♂>8 周龄 ♀>5 周龄
钠	%	0.15	0.15	0.15
氯	%	0.15	0.15	0.15
铁	毫克/千克	80	80	80
铜	毫克/千克	8	8	8
锰	毫克/千克	80	80	80
锌	毫克/千克	60	60	60
碘	毫克/千克	0.35	0.35	0.35
硒	毫克/千克	0.15	0.15	0.15
亚油酸	%	1	1	1
维生素 A	单位/千克	5000	5000	5000
维生素 D	单位/千克	1000	1000	1000
维生素 E	单位/千克	10	10	10
维生素 K	单位/千克	0.50	0.50	0.50
硫胺素	毫克/千克	1.80	1.80	1.80
核黄素	毫克/千克	3.60	3.60	3.00
泛　酸	毫克/千克	10	10	10
烟　酸	毫克/千克	35	30	25
吡哆醇	毫克/千克	3.5	3.5	3.0
生物素	毫克/千克	0.15	0.15	0.15
叶　酸	毫克/千克	0.55	0.55	0.55
维生素 B_{12}	毫克/千克	0.010	0.010	0.010
胆　碱	毫克/千克	1000	750	500

附表 7 黄羽肉种鸡营养需要

营养标准	单 位	0～6 周龄	7～18 周龄	19 周龄至开产	产蛋期
代谢能	兆焦/千克 (兆卡/千克)	12.12/2.90	11.70/2.70	11.50/2.75	11.50/ 2.75
粗蛋白质	%	20.0	15.0	16	16
蛋白能量比	克/兆焦 (克/兆卡)	16.50/ 68.96	12.82/ 55.56	13.91/58.18	13.91/ 58.18
赖氨酸 能量比	克/兆焦 (克/兆卡)	0.74/3.10	0.56/2.32	0.70/2.91	0.70/2.91
赖氨酸	%	0.90	0.75	0.80	0.80
蛋氨酸	%	0.38	0.29	0.37	0.40
蛋氨酸+胱氨酸	%	0.69	0.61	0.69	0.80
苏氨酸	%	0.58	0.52	0.55	0.56
色氨酸	%	0.18	0.16	0.17	0.17
精氨酸	%	0.99	0.87	0.90	0.95
亮氨酸	%	0.94	0.74	0.83	0.86
异亮氨酸	%	0.60	0.55	0.56	0.60
苯丙氨酸	%	0.51	0.48	0.50	0.51
苯丙氨酸+ 酪氨酸	%	0.86	0.81	0.82	0.84
组氨酸	%	0.28	0.24	0.25	0.26
脯氨酸	%	0.43	0.39	0.40	0.42
缬氨酸	%	0.60	0.52	0.57	0.70
甘氨酸+丝氨酸	%	0.77	0.69	0.75	0.78
钙	%	0.90	0.90	2.00	3.00
总 磷	%	0.65	0.61	0.63	0.65

续附表 7

营养标准	单　位	0～6 周龄	7～18 周龄	19 周龄至开产	产蛋期
非植酸磷	%	0.40	0.36	0.38	0.41
钠	%	0.16	0.16	0.16	0.16
氯	%	0.16	0.16	0.16	0.16
铁	毫克/千克	54	54	72	72
铜	毫克/千克	5.4	5.4	7.0	7.0
锰	毫克/千克	72	72	90	90
锌	毫克/千克	54	54	72	72
碘	毫克/千克	0.60	0.60	0.90	0.90
硒	毫克/千克	0.27	0.27	0.27	0.27
亚油酸	%	1	1	1	1
维生素 A	单位/千克	7200	5400	7200	10800
维生素 D	单位/千克	1440	1080	1620	2160
维生素 E	单位/千克	18	9	9	27
维生素 K	单位/千克	1.4	1.4	1.4	1.4
硫胺素	毫克/千克	1.6	1.4	1.4	1.8
核黄素	毫克/千克	7	5	5	8
泛　酸	毫克/千克	11	9	9	11
烟　酸	毫克/千克	27	18	18	32
吡哆醇	毫克/千克	2.7	2.7	2.7	4.1
生物素	毫克/千克	0.14	0.09	0.09	0.18
叶　酸	毫克/千克	0.90	0.45	0.45	1.08
维生素 B_{12}	毫克/千克	0.009	0.005	0.007	0.010
胆　碱	毫克/千克	1170	810	450	450

附表 8　鸡常用饲料主要成分及营养价值表

饲料名称	饲料描述	干物质（%）	粗蛋白质（%）	粗脂肪（%）	非植酸磷（%）	总　磷（%）	非植酸磷（%）	赖氨酸（%）	蛋氨酸（%）	胱氨酸（%）	亚油酸（毫克/千克）	粗纤维（%）	鸡代谢能（兆卡/千克）	鸡代谢能（兆焦/千克）
玉　米	成熟，高赖氨酸优质	86.0	8.5	5.3	0.16	0.25	0.09	0.36	0.15	0.18	2.20	2.6	3.25	13.60
玉　米	成熟，GB/T 17890—1999，1 级	86.0	8.7	3.6	0.02	0.27	0.12	0.24	0.18	0.20	2.20	1.6	3.24	13.56
玉　米	成熟，GB/T 17890—1999，2 级	86.0	7.8	3.5	0.02	0.27	0.12	0.23	0.15	0.15	2.20	1.6	3.22	13.47
高　粱	成熟，NY/T 1 级	86.0	9	3.4	0.13	0.36	0.17	0.18	0.17	0.12	1.13	1.4	2.94	12.3
小　麦	混合小麦，成熟，NY/T 2 级	87.0	13.9	1.7	0.17	0.41	0.13	0.30	0.25	0.24	0.69	1.9	3.04	12.72
大　麦（裸）	裸大麦，成熟，NY/T 2 级	87.0	13	2.1	0.04	0.39	0.21	0.44	0.14	0.25	—	2	2.68	11.21
大　麦（皮）	皮大麦，成熟，NY/T 1 级	87.0	11	1.7	0.09	0.33	0.17	0.42	0.18	0.18	0.83	4.8	2.7	11.3
糙　米	良，成熟，未去米糠	87.0	8.8	2.0	0.03	0.35	0.15	0.32	0.20	0.14	—	0.7	3.36	14.06

续附表 8

饲料名称	饲料描述	干物质(%)	粗蛋白质(%)	粗脂肪(%)	非植酸磷(%)	总磷(%)	非植酸磷(%)	赖氨酸(%)	蛋氨酸(%)	胱氨酸(%)	亚油酸(毫克/千克)	粗纤维(%)	鸡代谢能	
													(兆卡/千克)	(兆焦/千克)
碎米	良,加工精米后的副产品	88.0	10.4	2.2	0.06	0.35	0.15	0.42	0.22	0.17	—	1.1	3.40	14.23
次粉	黑面，黄粉，下面 XY/T 1 级	88.0	15.4	2.2	0.08	0.48	0.14	0.59	0.23	0.37	1.74	1.5	3.05	12.76
次粉	黑面，黄粉，下面 XY/T2 级	87.0	13.6	2.1	0.08	0.48	0.14	0.52	0.16	0.33	1.74	2.8	2.99	12.51
小麦麸	传统制粉工艺 NY/T 1 级	87.0	15.7	3.9	0.11	0.92	0.24	0.58	0.13	0.26	1.70	8.9	1.63	6.82
小麦麸	传统制粉工艺 NY/T 2 级	87.0	14.3	4.0	0.10	0.93	0.24	0.53	0.12	0.24	1.70	6.8	1.62	6.78
米糠	新鲜,不脱脂 NY/T 2 级	87.0	12.8	16.5	0.07	1.43	0.10	0.74	0.25	0.19	3.57	5.7	2.68	11.21
米糠饼	未脱脂,机榨 NY/T 1 级	88.0	14.7	9.0	0.14	1.69	0.22	0.66	0.26	0.30	—	7.4	2.43	10.17
米糠粕	浸提或预压浸提，NY/T 1 级	87.0	15.1	2.0	0.15	1.82	0.24	0.72	0.28	0.32	—	7.5	1.98	8.28

续附表 8

饲料名称	饲料描述	干物质（%）	粗蛋白质（%）	粗脂肪（%）	非植酸磷（%）	总磷（%）	非植酸磷（%）	赖氨酸（%）	蛋氨酸（%）	胱氨酸（%）	亚油酸（毫克/千克）	粗纤维（%）	鸡代谢能	
													（兆卡/千克）	（兆焦/千克）
大豆饼	机榨 NY/T 2 级	89.0	41.8	5.8	0.31	0.50	0.25	2.43	0.60	0.62	—	4.8	2.52	10.54
大豆粕	去皮，浸提或预压浸提 NY/T 1 级	89.0	47.9	1.0	0.34	0.65	0.19	2.87	0.67	0.73	0..51	4.0	2.40	10.04
大豆粕	去皮，浸提或预压浸提 NY/T 2 级	89.0	44.0	1.9	0.33	0.62	0.18	2.66	0.62	0.68	0..51	5.2	2.35	9.83
棉籽饼	机榨 NY/T 2 级	88.0	36.3	7.4	0.21	0.83	0.28	1.40	0.41	0.70	2.17	12.5	2.16	9.04
棉籽粕	浸提或预压浸提 NY/T 1 级	90.0	47.0	0.5	0.25	1.10	0.38	2.13	0.56	0.66	1.51	10.0	1.86	7.78
棉籽粕	浸提或预压浸提 NY/T 2 级	90.0	43.5	0.5	0.28	1.04	0.36	1.97	0.58	0.68	1.51	10.5	2.03	8.49
菜籽饼	机榨 NY/T 2 级	88.0	35.7	7.4	0.59	0.96	0.33	1.33	0.60	0.82	—	11.4	1.95	8.16
菜籽粕	浸提或预压浸提 NY/T 2 级	88.0	38.6	1.4	0.65	1.02	0.35	1.30	0.63	0.87	0.42	11.8	1.77	7.41

续附表 8

饲料名称	饲料描述	干物质(%)	粗蛋白质(%)	粗脂肪(%)	非植酸磷(%)	总 磷(%)	非植酸磷(%)	赖氨酸(%)	蛋氨酸(%)	胱氨酸(%)	亚油酸(毫克/千克)	粗纤维(%)	鸡代谢能	
													(兆卡/千克)	(兆焦/千克)
花生仁饼	机榨 NY/T 2 级	88.0	44.7	7.2	0.25	0.53	0.31	1.32	0.39	0.38	1.13	5.9	2.78	11.63
花生仁粕	浸提或预压浸提 NY/T 2 级	88.0	47.8	1.4	0.27	0.56	0.33	1.40	0.41	0.40	0.24	6.2	2.60	10.88
向日葵仁饼	壳仁比为 35∶65 NY/T 3 级	88.0	29.0	2.9	0.24	0.87	0.13	0.96	0.59	0.43	—	20.4	1.59	6.65
向日葵仁粕	壳仁比为 16∶84 NY/T 2 级	88.0	36.5	1.0	0.27	1.13	0.17	1.22	0.72	0.62	—	10.5	2.32	9.71
向日葵仁粕	壳仁比为 24∶76 NY/T 2 级	88.0	33.6	1.0	0.26	1.03	0.16	1.13	0.69	0.50	0.98	14.8	2.03	8.49
亚麻仁饼	机榨 NY/T 2 级	88.0	32.2	7.8	0.39	0.88	0.38	0.73	0.46	0.48	—	7.8	2.34	9.79
亚麻仁粕	浸提或预压浸提 NY/T 2 级	88.0	34.8	1.8	0.42	0.95	0.42	1.16	0.55	0.55	0.36	8.2	1.90	7.95
芝麻饼	机榨,CP 40%	92.0	39.2	10.3	2.24	1.19	0.00	0.82	0.82	0.75	1.90	7.2	2.14	8.95

续附表 8

饲料名称	饲料描述	干物质（%）	粗蛋白质（%）	粗脂肪（%）	非植酸磷（%）	总 磷（%）	非植酸磷（%）	赖氨酸（%）	蛋氨酸（%）	胱氨酸（%）	亚油酸（毫克/千克）	粗纤维（%）	鸡代谢能（兆卡/千克）	鸡代谢能（兆焦/千克）
玉米蛋白粉	玉米去胚芽，淀粉后的面筋部分 CP 60%	90.1	63.5	5.4	0.07	0.44	0.17	0.97	1.42	0.96	1.17	1.0	3.88	16.23
玉米蛋白粉	同上。中等蛋白产品。CP 50%	91.2	51.3	7.8	0.06	0.42	0.16	0.92	1.14	0.76	—	2.1	3.41	14.7
玉米蛋白粉	同上。中等蛋白产品。CP 40%	89.9	44.3	6.0	—	—	—	0.71	1.04	0.65	—	1.6	3.18	13.31
玉米蛋白饲料	玉米去胚芽去淀粉后的含皮残渣	88.0	19.3	7.5	0.15	0.70	—	0.63	0.29	0.33	1.43	7.8	2.02	8.45
玉米胚芽饼	玉米湿磨后的胚芽，机榨	90.0	16.7	9.6	0.04	1.45	—	0.70	0.31	0.47	1.47	6.3	2.24	9.37
玉米胚芽粕	玉米湿磨后的胚芽，浸提	90.0	20.8	2.0	0.06	1.23	—	0.75	0.21	0.28	1.47	6.5	2.07	8.66
DDGS	玉米啤酒糟及可溶物，脱水	90.0	28.3	13.7	0.20	0.74	0.42	0.59	0.59	0.39	2.15	7.1	2.20	9.20
鱼粉（CP 64.5%）	7 样平均值	90.0	64.5	5.6	3.81	2.83	2.83	5.22	1.71	0.58	0.20	0.5	2.96	12.38

续附表 8

饲料名称	饲料描述	干物质(%)	粗蛋白质(%)	粗脂肪(%)	非植酸磷(%)	总 磷(%)	非植酸磷(%)	赖氨酸(%)	蛋氨酸(%)	胱氨酸(%)	亚油酸(毫克/千克)	粗纤维(%)	鸡代谢能	
													(兆卡/千克)	(兆焦/千克)
鱼粉(CP 62.5%)	8 样平均值	90.0	62.5	4.0	3.96	3.05	3.05	5.12	1.66	0.55	0.12	0.5	2.91	12.18
鱼粉(CP 60.2%)	沿海产的海鱼粉，脱脂，12 样平均值	90.0	60.2	4.9	4.04	2.90	2.90	4.72	1.64	0.52	0.12	0.5	2.82	11.80
鱼粉(CP 53.5%)	沿海产的海鱼粉，脱脂，11 样平均值	90.0	53.5	10.0	5.88	3.20	3.20	3.87	1.39	0.49	—	0.8	2.90	12.13
血 粉	鲜猪血 喷雾干燥	88.0	82.8	0.4	0.29	0.31	0.31	6.67	0.74	0.98	0.10	0.0	2.46	10.29
羽毛粉	纯净羽毛，水解	88.0	77.9	2.2	0.20	0.68	0.68	1.65	0.59	2.93	0.83	0.7	2.73	11.42
肉骨粉	屠宰下脚，带骨干燥粉碎	93.0	50.0	8.5	9.20	4.70	4.70	2.60	0.67	0.33	0.72	2.8	2.38	9.96
啤酒糟	大麦酿造副产品	88.0	24.3	5.3	0.32	0.42	0.14	0.72	0.52	0.35	2.94	13.4	2.37	9.92
啤酒酵母	啤酒酵母菌粉。QB/T 1940—94	91.7	52.4	0.4	0.16	1.02	—	3.38	0.83	0.50	0.04	0.6	2.52	10.54

续附表 8

饲料名称	饲料描述	干物质(%)	粗蛋白质(%)	粗脂肪(%)	非植酸磷(%)	总磷(%)	非植酸磷(%)	赖氨酸(%)	蛋氨酸(%)	胱氨酸(%)	亚油酸(毫克/千克)	粗纤维(%)	鸡代谢能(兆卡/千克)	鸡代谢能(兆焦/千克)
玉米淀粉		99.0	0.3	0.2	0.00	0.03	0.01					—	3.16	13.22
菜籽油		99.0	0.0	>=98	0.00	0.00	0.00					0.0	9.21	38.53
玉米油		100.0	0.0	>=99	0.00	0.00	0.00					0.0	9.66	40.42
棉籽油		100.0	0.0	>=99	0.00	0.00	0.00					0.0		—
花生油		100.0	0.0	>=99	0.00	0.00	0.00					0.0	9.36	39.16
大豆油	粗　制	100.0	0.0	>=99	0.00	0.00	0.00					0.0	8.37	35.02
葵花油		100.0	0.0	>=99	0.00	0.00	0.00					0.0	9.66	40.42

附表 9　常用矿物质饲料中矿物元素的含量

饲料名称	化学分子式	钙（%）	磷（%）	磷利用率（%）	钠（%）	氯（%）	钾（%）
碳酸钙，饲料级轻质	$CaCO_3$	38.42	0.02	—	0.08	0.02	0.08
磷酸氢钙，无水	$CaHPO_4$	29.60	22.77	95～100	0.18	0.47	0.15
磷酸氢钙，两个结晶水	$CaHPO_4 \cdot 2H_2O$	23.29	18.00	95～100	—	—	—
磷酸二氢钙	$Ca(H_2PO_4)_2 \cdot H_2O$	15.90	24.58	100	0.20	—	0.16
磷酸三钙（磷酸钙）	$Ca_3(PO_4)_2$	38.76	20.0	—	—	—	—
石粉、石灰石、方解石等		35.84	0.01	—	0.06	0.02	0.11
骨粉，脱脂		29.80	12.50	80～90	0.04	—	0.20
贝壳粉		32～35	—	—	—	—	—
蛋壳粉		30～40	0.1～0.4	—	—	—	—
磷酸二氢铵	$(NH_4)_2H_2PO_4$	—	26.93	100	—	—	—
磷酸氢二钠	Na_2HPO_4	0.09	21.82	100	31.04	—	—
磷酸二氢钠	NaH_2PO_4	—	25.81	100	19.17	0.02	0.01
碳酸钠	Na_2CO_3	—	—	—	43.30	—	—

续附表 9

饲料名称	化学分子式	钙（%）	磷（%）	磷利用率（%）	钠（%）	氯（%）	钾（%）
碳酸氢钠	$NaHCO_3$	0.01	—	—	27.00	—	0.01
氯化钠	NaCl	0.30	—	—	39.50	59.00	—
氯化镁	$MgCl_2 \cdot 6H_2O$	—	—	—	—	—	—
碳酸镁	$MgCO_3 \cdot Mg(OH)_2$	0.02	—	—	—	—	—
氧化镁	MgO	1.69	—	—	—	—	0.02
硫酸镁，七个结晶水	$MgSO_4 \cdot 7H_2O$	0.02	—	—	—	0.01	—
氯化钾	KCl	0.05	—	—	1.00	47.56	52.44
硫酸钾	K_2SO_4	0.15	—	—	0.09	1.50	44.87

主要参考文献

[1] 杨宁．家禽生产学[M]．中国农业出版社，2002.

[2] 邱祥聘．家禽学[M]．四川科学技术出版社，1992.

[3] 肖智远．高效养鸡技术问答[M]．广东科技出版社，2000.

[4] 李东．高效肉鸡生产技术[M]．中国农业科技出版社，1995.

[5] 王生雨．蛋鸡生产新技术[M]．山东科学技术出版社，1991.

[6] 赵佩铮．怎样养蛋鸡能赚钱[M]．河北科学技术出版社，1987.

[7] 呙玉明．家禽营养与饲料[M]．中国农业大学出版社，1998.

[8] 动物营养研究进展[M]．中国农业科技出版社，1994.

[9] 席克奇．家庭科学养鸡(第 2 版)[M]．金盾出版社，2009.